畜禽养殖技术百问丛书

养猪300问

主编　陈鹏举　张宜娜　李俊强

河南科学技术出版社

·郑州·

图书在版编目（CIP）数据

养猪300问／陈鹏举，张宜娜，李俊强主编.

郑州：河南科学技术出版社，2024. 9（2025. 5重印）

（畜禽养殖技术百问丛书）

ISBN 978-7-5725-1650-4

Ⅰ. S828-44

中国国家版本馆CIP数据核字第202421EQ58号

出版发行：河南科学技术出版社

地址：郑州市郑东新区祥盛街27号　　邮编：450016

电话：（0371）65737028　65788613

网址：www. hnstp. cn

策划编辑：陈淑芹　申卫娟

责任编辑：申卫娟

责任校对：牛艳春

封面设计：张德琛

责任印制：徐海东

印　　刷：河北晔盛亚印刷有限公司

经　　销：全国新华书店

开　　本：890 mm×1 240 mm　1/32　　印张：6　　字数：170千字

版　　次：2024年9月第1版　　2025年5月第2次印刷

定　　价：58. 00元

本书编写人员名单

主　审　张龙现

主　编　陈鹏举　张宜娜　李俊强

副主编　宋贵方　蒋雨宏　杨　斌

编　者　郭俊清　王　帅　孔庆强　程鹏飞
王素军　戚亚轩　朱　超　王志强
邹　靖　石保建　王路军　葛如兴
王建锟　吴章治　王　友　李向超
赵勤勤　陈勇臻　路　亮

前言

目前我国养猪业规模化发展迅速，养猪规模大小不一，猪病日渐复杂多变，混合感染症状复杂，造成临床诊断与治疗难度越来越大，给养猪业造成了极大的经济损失，严重制约了我国养猪业的健康发展。为此河南省现代中兽医研究院、河南农业大学、中国兽医协会兽医寄生虫病防治分会，结合动物保健企业、养猪企业的建议，组织一批临床经验丰富的专家及执业兽医师论证后，决定编写出版《养猪 300 问》，供广大从事养猪及猪病诊疗的人员参考使用。

本书编写过程中内容有所侧重，力求反映养猪业现状，从猪的品种和健康管理、猪场的防疫管理、猪常见病的防治进行详细的总结，重点介绍常见的传染病、寄生虫病、普通病的诊断要点及治疗方案等。本书理论联系实际，内容翔实，采用一问一答的形式，通俗易懂，具有科学性、针对性、应用性强等特点，能帮助读者快速掌握相关要点。

本书是由中国兽医协会兽医寄生虫病防治分会、河南农业大学和河南省现代中兽医研究院牵头实施，河南省现代中兽医研究院、河南农业大学、河南众科博奕生物科技有限公司、合肥强力动物药品有限责任公司、焦作市保程伟业生物科技有限公司、合肥莱喆生物科技有限公司、山东百晟药业有限公司、安徽省瑞森生物科技有限责任公司、焦作市农科利来生物科技有限公司、山东鲁兽研生物科技有限公司、斯卡恩动物保健品（商丘）有限公司、山东晟阳生物工程有限公司、郑州市爱畜优品畜牧科技有限公司、河南众科邦农生物科技有限公司、山东嘉恒药业有限公司、河南启航生物科技有限公司、河南大成惠牧生物科技有限公司、河南省亮点动物药业有限公司、河南创鑫生物科技有限公司、黑龙江微球科智生物技术开发有限公司、天津瑞普生物技术股份有限公司、杭州因迈吉生物科技有限公司等单位人员参与共同完成，本书在编写过程中引用了一些资料、参考文献，在此一并致以衷心的感谢。

由于编者水平所限，书中疏漏与不妥之处，恳请广大行业读者批评指正。

编者

2024年3月

目 录

第三章 猪常见传染病的防治……(40)

第一章　猪品种和健康管理

1. 我国饲养较多的猪品种有哪些？

我国地域广阔，地理及气候差异比较大，经过长期的自然与人工选择，形成了许多各具特色的地方猪种。根据地方猪种的起源、生产性能、外貌特点和生活环境等，将其分为六大类型，分别是华北型、华南型、华中型、江海型、西南型和高原型。根据肉质分类是常用的分类方法，可将猪分为瘦肉型、脂肪型及肉脂兼用型。

（1）瘦肉型猪：主要有大约克猪、杜洛克猪以及长白猪等从国外引进的优质品种，瘦肉率占60%~65%。

（2）脂肪型猪：主要有内江猪、两广小花猪、滇南小耳朵猪、金华猪等国内的地方品种，瘦肉率占35%~45%。

（3）肉脂兼用型猪：以进口良种猪作父本，地方良种猪作母本进行杂交的杂交猪，该品种瘦肉率比较高，生长速度较快，抗病能力比较强，饲料利用率比较高。

2. 我国饲养的瘦肉型猪种典型特征和生产性能有哪些？

我国饲养的瘦肉型猪种大多来自国外引种，主要有长白猪、大约克猪和杜洛克猪及其杂交后代。

（1）长白猪：原产于丹麦，是世界上分布最广的著名瘦肉型品种，1964年引入我国。毛白色，头狭长，颜面直，耳大前倾，背腰长，腹线平直而不松弛，前躯窄、后躯宽，呈流线型，肋骨16~17对，大腿丰满，蹄质稍纤细。性成熟较晚，母猪初产14头左右，经产16头左右，乳头7~8对。在良好的饲养管理条件下，后备猪6月龄达90~100 kg，屠宰率在72%左右，胴体瘦肉率约66%。

（2）大约克猪：又称大白猪，原产于英国北部的约克郡及其邻近地区，属大型瘦肉型品种。毛白色，体格大，体形匀称，耳直立，背腰多微弓，四肢较高，后躯丰满。性成熟较晚，繁殖率强，初产12~14 头，经产 14~16 头，乳头 7~8 对。后备猪 6 月龄达 100 kg，屠宰率在 74%左右，瘦肉率约 63.5%。

（3）杜洛克猪：原产于美国东北部的新泽西州。体质健壮，抗逆性强，饲养条件比其他瘦肉型品种低。毛棕红色，深浅不一；头小清秀，嘴筒短；耳中等大，略向前倾，耳尖下垂；背腰平直或稍弓，体躯宽厚，全身肌肉丰满，后躯发达；四肢粗壮、结实，蹄呈黑色，多直立。繁殖性能稍低，初产 8~9 头，经产 10 头左右。乳头5~6 对。前期生长慢，后期生长快，饲料利用率高，肉质好，胴体瘦肉率约 68%。

3. 猪的生长发育分哪几个主要阶段?

仔猪出生后，根据其生理特点和营养需要，通常将其划分为哺乳阶段、保育阶段、生长育肥阶段等几个阶段，各阶段采用不同的饲养管理措施。

（1）哺乳阶段：是指仔猪出生至断奶阶段，一般为 3~5 周。易受饲养管理不善、外环境变化的影响而生病，严重时会导致死亡。因此，加强哺乳期饲养管理，是提高仔猪成活率和养猪效益的关键环节。

（2）保育阶段：是指仔猪断奶至保育结束这一阶段，通常为 5 周。仔猪断奶后，饲料类型和环境发生改变，对其生长发育造成很大应激。在这一阶段猪容易掉膘，体质虚弱，发病率增加，易形成僵猪，甚至死亡。

（3）生长育肥阶段：是指仔猪保育结束进入生长育肥舍饲养，直至出栏这一阶段，一般饲养 14 周左右（70~180 日龄）。此阶段是猪生长发育最快的时期，也是养猪经营者获得经济效益高低的重要时期。饲养管理中应加强营养供给，提供充足洁净的饮水，搞好舍内外的环境卫生和疫病防治工作，以保证猪充分的生长发育。

4. 理想后备猪的体型特征有哪些？

（1）理想的后备公猪：具有品种的典型特征，身体结实紧凑，肩胸结合良好，背腰平直，腹部大小适中，四肢粗壮，蹄匣健康。睾丸发育良好，大小相同，整齐对称，摸起来感到结实但不坚硬，无隐睾或单睾，无疝气和包皮积尿等疾病。

（2）理想的后备母猪：在腹线处有 7 对以上排列整齐的乳头；外阴发育良好，且不上翘；趾蹄大小均匀，间距合理；前后肢系部、膝、跗关节支撑理想；尾根高起，生长在臀部合理的位置；体长、背腰平直；后腿长且肌肉丰满，但并不呈“球状”；前后肢之间宽度合理；肋骨形状良好，呈桶状。

5. 养猪场如何选址与布局？

（1）厂址应选在地势高燥、水质和通风良好、排水方便的地点，处在城镇或集中居住区的下风向；周围应当有围墙或其他能够与外界进行物理隔离的屏障。种猪场应当根据需要，设置单独的动物精液、卵、胚胎采集等区域。

（2）场区内部布局合理，生产区、管理区和生活区分开，其中生产区布置在上风向，生产区内清洁道与污道分设，不重叠，不交叉，人员、动物和物资运转采取单一流向；生产区内道路及相关场地坚硬、无积水，便于清扫、消毒；兽医室、隔离舍、储粪场和污水处理池布置在下风向。

6. 养猪场基础设施如何规划？

（1）场区入口设置门禁和消毒池，设置车辆器械的清洗区，并配备相配套的清洗消毒设施设备。场区内应设立独立兽医室，配备疫苗冷冻（冷藏）设备、消毒和诊疗等防疫与治疗设备；并有单独存放饲草、饲料及其他投入品的场所。

（2）场区应配备与养殖规模相适应的无害化处理设施设备，或与相关单位签有无害化处理工作机制或委托协议；场内所有设施设备及辅助动力设备要定期进行维修、保养。圈舍地面和墙壁选用适宜材料，以便清洗消毒；每栋饲养舍门口设置消毒池，均应配备专用的饲喂、饮水、消毒、清扫等器具。

（3）生产区与管理区、生活区之间应当建有围墙等有效的隔离设施，严禁非饲养人员和无关物品进入养殖区；生产区进出处设置出入人员淋浴区、更衣区和消毒区，并配备相配套设备；生产区应有良好的采光、通风设施设备。场内应设有防蝇、防蚊、防鼠、防鸟、防虫设施。具有供水、供电设施设备。

7. 猪场生物安全防控体系包括哪些？

生物安全防控体系包括控制疫病在猪场中的传播，减少和消除疫病的发生等。生物安全是一个畜群管理策略，通过它来尽可能减小引入致病性病原的可能性，并且从现有环境中去除病原体，是一种系统的、连续的管理方法，也是最有效、最经济的控制疫病发生和传播的方法。

（1）新猪引进管理：新猪必须是从已检测为主要传染病（如非洲猪瘟、蓝耳病、圆环病毒病、伪狂犬病、猪瘟、流行性腹泻、轮状病毒感染等）阴性的猪群引进；新进的猪需要隔离30 d以上，最好在生产场所外进行隔离观察；在最终混群之前还要做一次检测。

（2）猪场的位置：猪场的选址应尽量位于相对较高处；在风向位置上也要注意，应选择在全年大部分时间为上风处。

（3）运输控制：进出生产场所的运输车辆必须经过严格的清洗和消毒，实行运输工具分区管理，专场专用，做到分工明确。

（4）生产过程控制：按照不同日龄分群，并做好不同猪群间的隔离；生产流程应从仔猪到母猪或是老年猪；在仔猪舍的入口处建立一个洗涤池，在母猪移入产仔猪舍之前，用抗菌皂和温水对母猪进行清洗；定期利用两个生产周期间的空舍期通过清扫和消毒等措施来阻断疫病的循环过程，防止疫病在猪群内的传播。

（5）人员控制：谢绝参观活动，必须参观时参观者与工作人员进场要求一样，严格执行洗澡、隔离、消毒等；会客要在离开生产场所的专用会客间；要重视电工、木工、水管工等工作人员的管理，严禁他们与猪群接触；工作人员要使用已消毒的胶靴和工作服，不同用途的工作服和胶靴要有明显的区别标记。

（6）猪场设备管理：围栏、载物筐、猪群之间的隔离设备要进行清洗和消毒；风扇、天花板、给料器、饮水器也要进行清洗和消毒，角落更不能忽视。

（7）消毒管理：猪场应建立门口消毒池，猪舍内外、猪场道路要定期消毒。根据不同的物体选择不同的消毒剂。严格按照消毒剂的使用说明来配制消毒液，消毒药要现配现用。根据消毒液的浓度、环境温度以及污染程度选择最佳消毒时间。

（8）严禁其他动物进入猪场：如犬、猫、啮齿动物、昆虫、鸟类、野兽等动物严禁进入猪场。

8. 生物安全防控体系与传统的综合防治措施有何区别？

（1）生物安全防控体系强调和重视生产系统中各个部分间的联系和对生物安全的影响。生物安全体系是一个系统工程，综合了兽医微生物学、环境学、建筑学、设备工艺、生态和微生态学、营养学等多门学科和系统工程，涉及生产过程的每一个环节，忽视任何一个环节都可能造成整个系统的失败。

（2）生物安全防控体系更注重控制病原的感染和传播，通过生物安全体系有效控制疫病的传播途径，减少和去除致病因子。生物安全体系工作的全过程都是围绕预防传染源进入猪场和控制疫病在猪场内的传播展开的。在新的生产模式下，已经存在着的是易感动物，所以生物安全体系是着重从消除传染源和切断传播途径的角度来开展各项防疫工作的。

（3）在传统观念中，药物治疗和疫苗接种扮演了重要的角色，孤立地应用药物治疗和疫苗接种，不仅不能防止疫病的发生及其造成的损失，还会造成产品质量的下降，所以需要从整体、全盘考虑。生物安全防控体系已经和药物治疗、疫苗接种等共同组成了疫病控制的三角形体系，通过生物安全防控体系的方法，为药物治疗和疫苗接种提供一个良好的应用环境，这时药物治疗和疫苗接种才能获得最佳的效果。

9. 养猪场基础设施设备改善要点有哪些？

（1）提升饲喂机械化水平：建设料塔，安装半自动化或全自动化饲喂线，或是建立密闭的饲料仓储室。

（2）改善饮水条件：使用深井水或自来水，避免使用地表水和浅井水，建立储水池或水塔，对水体进行消毒，也可以使用无水塔自动供水器。

（3）优化通风装置：结合自身情况，安装风机，提高通风能力，配备水帘等降温设施。

（4）加强隔离措施：场外可修建实体围墙，场内不同功能区可用实墙或围栏等隔离。

（5）地面硬化：对场内道路进行必要的硬化，场区门口设置硬化地面，便于消毒管理。

10. 养殖场引进新的猪种时应注意哪些问题？

（1）引进新的猪种时，必须保证从非疫区引进，且经当地兽医部门检疫并签发检疫证明，引回后本场需再进行检疫验证，之后在隔离舍内隔离观察一定时间（如 2 个月），此时猪种仍健康时，方可混群饲养。

（2）在隔离期内还应加强猪种的饲养管理，如驱除猪体内、外寄生虫，没有注射疫苗的应根据本场制定的防疫程序补种相应疫苗。

（3）如果不重视检疫，将引进的猪种直接混群饲养或将从不同地区收购的猪混在一起饲养，往往会引起疫病的流行。

11. 如何做好猪群管理？

要优化管理制度，在引种、转运、出售等高风险生产环节中做好全程防控管理。

（1）避免场外散养或放养：避免场外散养和放养模式，防止家猪与野猪接触及采食丢弃的垃圾、食物。

（2）实施全进全出管理制度：全进全出模式是猪场饲养管理、减少疫病循环传播的有效措施，养殖场（户）应尽可能采取全进全出的饲养模式。

（3）引进猪的管理：严格执行引种检测、隔离，坚持自繁自养。引种前须经过非洲猪瘟等重大动物疫病检测，抗原、抗体确认阴性，在场外或场内特定区域实施隔离观察，确认安全后方可入场。对仅饲养育肥猪的猪场，全部空栏消毒后再购入仔猪，要注意观察入场后仔猪的健康情况。

（4）猪的转运管理：猪的转运一般包括断奶仔猪转运、淘汰猪转运、育肥猪出栏转运及后备猪转运。自有和可控的运输车辆可在猪场进行猪的转运。

（5）售猪管理：禁止销售病死猪，禁止生猪贩运、承运等外来人员及外来拉猪车辆进入养殖场。避免内外人员交叉。猪场赶猪人员严禁接触出猪间（台）靠近场外生猪车辆的一侧，外来人员禁止接触出猪间（台）靠近场内的一侧。售猪前后要及时对出猪间（台）、停车处、赶猪通道和装猪区域进行全面清洗消毒。出猪间（台）及附近区域、赶猪通道应硬化，方便冲洗、消毒，做好防鼠、防雨水倒流措施。

12. 人员入场如何管理？

（1）隔离点要求：返场员工须隔离报备，人员、车辆、随身物品全面采样，随身物品全面消毒，隔离人员洗澡消毒，衣物浸泡，样品检测无异常，隔离完毕人员物资消毒彻底，专车进场。

（2）场大门口要求：返场人员携带的随身物品分类消毒，电子产品使用乙醇喷洒消毒并密闭闷 2 min，可浸泡物资使用 1∶500 的戊二醛压制浸泡 10 min。在进场洗澡间对头部、脸、鼻孔、耳蜗、手部、指甲、上衣、胳膊、裤子、鞋面、鞋底采样，洗澡换衣，所穿的衣服、鞋袜使用 1∶500 的戊二醛浸泡消毒 20 min。

（3）隔离区要求：进入隔离区隔离，等待检测结果，检测结果出来后，清扫消毒隔离区，待下次隔离使用。

（4）生活区入口要求：人员在隔离区洗澡10 min，换生活区工衣、鞋，在生活区隔离24 h。

（5）生活区要求：生活区隔离24 h，与生产区人员不交叉，生活区（包括宿舍）每天两次全面清洗消毒。

（6）集中洗澡间要求：门口换拖鞋，乙醇喷手部，脏区脱衣，灰区洗澡10 min，净区换工衣，出洗澡间穿生产胶鞋。

（7）端部洗澡间要求：门口换拖鞋，乙醇喷手部，脏区脱衣，灰区洗澡10 min，净区换工衣，出洗澡间穿批次过道胶鞋。

（8）猪舍单元门口要求：乙醇喷手部，换单元内胶鞋。

13. 如何做好车辆管理？

外来车辆或者去过高风险场所的本场车辆，未经彻底清洗消毒进入养殖场，是病毒传入的重要途径。车辆要经过彻底清洗、消毒和烘干后使用（流程包括：高压冲洗、清洁剂处理有机物、消毒剂喷洒消毒、充分烘干）。要尽量选择场外作业，减少车辆入场。

（1）外来运猪车管理：外来运猪车必须选择在农业农村（畜牧兽医）部门登记备案车辆，清洗、消毒及烘干后，方可接近猪场出猪台或中转站（台）。随后对车辆所经道路进行彻底消毒。

（2）饲料运送车管理：饲料运送车应停放在场区外安全距离，对车体和车轮进行消毒；卸下饲料后，由场内人员对饲料外包装表面消毒。建议设置中转料塔、场内饲料运输车，饲料从场外直接输送到中转料塔，运输车辆不必进入猪场内。

（3）内部运猪车管理：选择场内空间相对独立的地点进行车辆洗消和停放。运猪车使用完毕后要立即到指定地点清洗、消毒及烘干。

（4）死猪、猪粪运输车管理：死猪、猪粪运输车应专场专用。转运死猪、猪粪时，避免与外部车辆接触，运输至死猪或猪粪暂存点，暂存点距离场区要大于100 m。转运后，应对车辆及时清洗、消毒及干燥，并消毒车辆所经道路。

（5）私家车管理：私家车禁止进入生产区和生活区，宜在距离场区外 100 m 以上位置停放。

14. 洗消中心如何选址与布局？

（1）应根据区域内养殖规模及养殖场分布情况选址建设，主要建于畜种养殖场、饲料加工厂、屠宰加工厂或无害化处理厂生产区出入口处；按照用地形态可划分为“一”形、“L”形和“U”形，分别适用于带状、方形和长方形用地，洗消中心出入口道路不交叉；按照洗消车辆数量可分为单通道、双通道、多通道 3 种，日洗消车辆少于 8 辆的宜选择单通道式，日洗消车辆超过 8 辆的宜选择双（多）通道式。

（2）应对周边的天然与人工屏障、行政区划、动物分布，以及动物疫病发生、流行状况等因素进行风险评估，采取生物安全措施消除风险因素。应具备污水收集或处理条件。

（3）养殖场、饲料厂、屠宰场和无害化处理厂应分别设置独立专用的洗消中心；生产设施包括洗车房、烘干房、物品消毒通道、设备间、物料间、衣物清洗干燥间、检测化验室、污水处理池、人员消毒通道、污区停车场、净区停车场等；辅助设施设备包括档案资料室、监控室、值班室、供水配电设施、卫生间等；洗消中心各区域内应设置明显的交通标志和标识牌，标明人、车、物等流动方向。从生物安全级别低的区域进入生物安全级别高的区域应符合“单向流动，净污不交叉”原则。

（4）运输动物、动物产品、饲料的车辆不应与运输病死动物、病害动物产品的车辆共用洗消中心。应具备对车辆清洗、消毒、沥干、烘干（或熏蒸）等功能，以及对随车人员、物品的清洗与消毒功能。

（5）洗消中心分区设置应按照生物安全级别由低到高的原则，分别设置车辆预清洗区、清洗消毒区、沥水区、烘干区（或熏蒸区），各区之间相对独立。整个洗消过程车辆由污区到净区，排水由净区排向污区。

15. 车辆洗消如何管理？

（1）车辆预清洗：所有洗消车辆可在预清洗区进行清洗和消毒，清洗达到车厢内外无直观可见粪便、泥沙、污物、杂物等，驾驶室无明显灰尘，脚垫无泥污、油渍等。

（2）车辆浸泡：先用清水打湿车体，使用泡沫喷枪喷洒清洁剂，对车身外围、车笼、车厢底板、垫板、车轮和底盘进行浸泡。

（3）驾驶室处理：用低压枪将驾驶室冲洗干净（如脚踏板处，用喷雾设备喷洒消毒剂，脚垫冲洗消毒），其余司机可以接触到的地方（方向盘、挡杆、手刹、扶手架、门把手等）用毛巾蘸消毒剂擦拭并放置臭氧熏蒸机熏蒸消毒。

（4）车辆精洗：使用高压水枪从上至下、从内到外、从前到后对车身外围、车笼、车厢底板、垫板、车轮和底盘进行仔细冲洗及刷洗，冬季可适度提高水温。

（5）车辆检查：精洗后由检查人员穿上一次性鞋套和隔离服，戴手电灯，带检查记录表，上车逐层检查；效果不符合评估要求的，须重新清洗。

（6）车辆消毒：车辆沥干水后，从上到下、从内到外、从前到后对车身外围、车笼、车厢底板、垫板、车轮和底盘进行喷雾消毒。

（7）车辆烘干：车辆消毒后，由沐浴更衣后的司机将车辆移动至烘干位置，启动烘干系统对车辆进行烘干消毒（65～70 ℃，维持 30～40 min）。

（8）车辆熏蒸：不具备烘干条件时，可采用熏蒸方式消毒，时间不少于 30 min。

16. 养猪场如何规范记录档案？

按《畜种标识和养殖档案管理办法》要求，做好养殖环节各项记录，建立养殖档案，并由专人登记保管。养殖场的养殖档案应载明以下内容：

（1）畜种的品种、数量、繁殖记录、标识情况、来源和进出场日期；饲料、饲料添加剂等投入品和兽药的来源、名称、使用对象、时间和用量等有关情况。

（2）检疫、免疫、监测、消毒情况；畜种发病、诊疗、死亡和无害化处理情况；畜种养殖代码；农业农村部规定的其他内容。

（3）饲养种畜应当建立个体养殖档案，注明标识编码、性别、出生日期、父系和母系品种类型、母本的标识编码等信息。种畜调运时应当在个体养殖档案上注明调出和调入地，个体养殖档案应当随同调运。

17. 如何做好种公猪的饲养管理？

为了提高公猪的精液品质和配种能力，必须对种公猪进行科学的饲养管理，应经常保持营养、运动和配种三者间的平衡。

（1）种公猪营养消耗量大，应给予足够的平衡氨基酸和动物性蛋白质，保证有充足的维生素和矿物质，注意营养成分的搭配要合理，日粮粗蛋白水平18%~20%，可消化能12.56~12.98 MJ/kg，使公猪膘情适中，保证正常种用体况。公猪体况过肥、过瘦，都会使其性欲下降。每天喂2~3次即可，喂量限制在2.3~3 kg。在配种期间适当加喂1~2枚鸡蛋，以满足其营养需要。

（2）建立良好的生活制度，饲喂、采精或配种、运动、刷拭等各项工作应在固定的时间内进行，利用条件反射，让公猪养成规律性的生活习惯，便于管理。

（3）种公猪要单圈饲养，栏舍要有空间充足的休息室和运动场，地面不要太滑和太粗糙，防止损坏肢蹄，保持圈舍卫生。

（4）加强种公猪的运动，每天定时驱赶或自由运动1~2 h，提高种公猪新陈代谢，促进食欲，增强体质，提高繁殖机能，延长使用年限。

（5）每天刷拭被毛一次，有利于促进血液循环，减少皮肤病，促进人猪亲和；利用公猪躺卧休息机会，从抚摸擦拭着手，利用刀具修整其各种不正蹄壳，减少蹄病发生。

（6）实行人工授精的公猪，每次采精都要检查精液品质。如采用本交的公猪，每月要检查 1~2 次。特别是后备公猪，开始使用前和刚使用时，都要检查其精液 2~3 次。

（7）防寒、防暑：种公猪舍适宜的温度为 18~20 ℃。冬季猪舍要防寒保温，夏季高温时要防暑降温。高温对种公猪的影响尤为重要，轻者食欲下降、性欲降低；重者精液品质下降，表现为精子活力下降、总数和活精数下降，畸形精子数增加。

（8）公猪配种应合理利用，不能过频。初配青年公猪第 1 个月每周可配种 1~2 次；9~12 月龄的幼龄公猪每周配种 2~3 次；12 月龄的成年公猪每周可配种 2~4 次，配种高峰期 1 周可连续配种，每天 1 次，但是必须休息 1 周以上，公猪休息的时间应多于配种的时间，连续休息的时间不得超过 2 周。人工授精时，对开始采精的青年公猪间隔 3~4 d 采 1 次；成年公猪间隔 2~3 d 采 1 次较好。长时间不用的成年公猪也要定时采精，以免影响精液质量。

18. 猪生长发育所需主要营养物质有哪些？

猪生长、繁殖以及维持生命所需的营养成分可以分为 6 大类，包括脂肪、矿物质、维生素、水、碳水化合物以及蛋白质。

饲料的营养高低取决于饲料中所含的粗蛋白质含量，育肥猪的饲料蛋白质含量需在 14%~18%。除了水之外，猪所需的其他养分基本都可以从饲料中获得，饲料可分为能量饲料与蛋白质饲料，即饲料中所含粗蛋白质在 20% 以上为蛋白质饲料，20% 以下的就是能量饲料。

常见蛋白质饲料有鱼粉、蚕蛹、黄豆、花生饼、豆粕、血粉等。常见能量饲料有玉米、木薯、麦类及米糠等。

19. 初生仔猪饲养管理措施有哪些？

仔猪初生后到断奶这段时间，既是猪生长发育最快的阶段，也是机体抵抗力最低、最容易得病的时期，所以加强初生仔猪的科学饲养管理，对以后培育种猪和养好育肥猪具有重要意义，可明显地提高养猪生产的经济效益。

（1）环境保温：仔猪正常体温为 39～40 ℃，为保持体温恒定，需要有较高的环境温度，通常出生时需保持舍温在 35 ℃，2 日龄内需 32～34 ℃，7 日龄后可从 30 ℃逐渐降至 25 ℃。随着日龄增加，自身调节体温的能力逐渐增强，至 21 日龄逐渐发育完全。冬天可采用燃气炉取暖、红外线灯保温、电热取暖等方法，春秋季可加厚垫草，堵塞风眼，以提高分娩室的温度。

（2）早吃初乳：初乳中含有较高的免疫球蛋白，但其含量降低很快，刚出生的仔猪对免疫球蛋白的吸收能力很强，早吃初乳可吸收较多的母源抗体而获得被动免疫，仔猪在出生后 18 h 内要吃到 40 mL初乳才能保证对疾病的抵抗力。

（3）补料和饮水：初生仔猪的消化机能不健全，对进入胃肠内的病原微生物没有抑制作用，所以容易发生疾病。仔猪采食一些饲料，可促进胃肠的活动，不仅能加强消化作用，而且可防止仔猪下痢。通常仔猪从 7 日龄开始就可训练补料采食，把教槽料放在料槽里诱导仔猪采食。当仔猪能自动吃料以后，就可把混合饲料放在食槽里喂给。仔猪从 3～5 日龄开始，就应诱导它喝清洁的饮水，以防仔猪去喝污水或尿液而引发疾病。

（4）补铁防止贫血：仔猪贫血通常是由于缺铁导致的，多发于 5～21 日龄。母乳中的含铁量很少，一般不能满足仔猪的营养要求，必须在 3 日龄时人工补充牲血素补铁，剂量为 100 mg/头。

（5）稳定饲料种类，定时定量投喂：仔猪 40～60 日龄是增重最快的时期，有条件的情况下，每晚 10 时后加喂 1 次夜食效果更好。

（6）注意断奶仔猪的饲养管理：仔猪断奶 1 周内保持饲料不变，1 周后由教槽料过渡到小猪料，再逐渐过渡到育成猪的饲料和饲喂方法。

（7）做好哺乳母猪的饲养管理：在母猪哺乳期，应给予营养丰富且含蛋白质、无机盐和维生素较多的饲料，特别是哺乳期的头 1 个月更为重要，使其能分泌更多更好的乳汁，以保证仔猪的营养来源。

20. 断奶母猪的饲养管理措施有哪些？

（1）断奶后空怀母猪可群饲，每栏6~8头。将母猪按大小、强弱和肥瘦合理分群饲养，每头母猪占面积至少2 m^2。

（2）为断奶母猪提供适宜的环境，猪舍温度应保持在16~25 ℃、相对湿度70%~80%为宜。夏季采取适当的措施进行防暑降温。在冬季寒冷时，在做好保温工作的同时，还要定期通风，以防猪舍内氨味过大。保持圈舍卫生、清洁和干燥。

（3）保证充足饮水，在夏季尤为重要，应经常检查母猪的饮水器是否出水。

（4）母猪断奶当天转入配种舍后，当天不喂料。断奶母猪的膘情至关重要，过肥（P2点背膘超过16 mm）、过瘦（P2点背膘低于13 mm）的要调整喂料量，膘情恢复正常再进行配种。对于膘情较好的，则在母猪断奶前和断奶后各3 d，减少精料饲喂量，可多补给一些青粗饲料；3 d后膘情仍很好（P2点背膘超过18 mm）的母猪，应继续减料，可日喂1.8~2.0 kg精料，控制膘情，催其发情；对膘情一般的母猪，断奶后就开始加料催情。

（5）对于断奶时膘情差的母猪，断奶后给予短期优饲，加料催情。断奶母猪每天饲喂配合饲料2.2~3.5 kg，日喂2~3次，使其尽快地增膘复壮，避免母猪因过瘦推迟发情。

（6）及时治疗有疾病的母猪。要经常对所饲养的母猪做详细的检查，发现食欲降低、精神不振或发病的猪，及时采取对症治疗措施。严重的病猪应隔离治疗，注意母猪乳房炎及子宫炎的及时处理。

（7）及时做好母猪的发情鉴定，做到适时配种。母猪通常在喂料后30 min，表现平静时进行查情，每天进行2次发情鉴定，上午和下午各1次，采用公猪气味剂在母猪鼻子上喷雾查情与公猪试情相结合的方法。

（8）乏情母猪的处理。对于断奶后乏情的母猪，可采用公猪诱情、应激法刺激发情和药物催情等措施，使其尽快发情。

（9）及时淘汰长期不发情、屡配屡返情、习惯性流产、产仔数少或哺乳性能差、有肢蹄病不能使用的母猪。

21. 如何提高仔猪成活率？

（1）加强妊娠母猪的饲养管理。在临产前 1 个月，适当提高营养水平，增加每日饲喂量到 2.8～3.2 kg/头，以提高仔猪的初生重。母猪在妊娠后期，根据当地疾病流行情况确定免疫程序，按免疫程序注射疫苗，使母猪产生抗体，仔猪可通过吃初乳获得母源抗体，从而预防仔猪发生疾病。

（2）做好防寒保温工作。在保证产房舍温在 20 ℃左右的基础上，应在产栏内设置仔猪保温箱，箱内吊 250 W 的红外线灯，灯距箱底面 40 cm，或在箱内铺电热板。

（3）防压。在母猪产前 1 周到产后 1 周，要求昼夜值班护理，在分娩舍内设置护仔栏，以保护仔猪和限制母猪活动。

（4）让初生仔猪吃足初乳。早吃初乳，可以及早获得免疫力，获得丰富的营养，能尽快产生体热，增加抗寒抗病能力。

（5）固定乳头。在仔猪生后 2 d 内，应人工固定乳头，将弱小仔猪固定在脐部以前的乳头，以弥补先天不足，保证全窝仔猪均匀发育。

（6）选择性寄养。在母猪产仔过多而无力全部哺育时，应将多余仔猪（强壮的）寄养给其他母猪哺育。

（7）补铁。在仔猪生后 2～3 d，给每头仔猪注射补铁 100～150 mg，不但可预防缺铁性贫血，而且平均每窝断奶育活仔猪数可增加 0.5～1 头，60 日龄体重可提高 1～2 kg；在缺硒地区，还应同时注射 0.1%的亚硒酸钠与维生素 E 合剂，每头 1 mL，10 日龄每头再注射 1 mL。

（8）补料。仔猪生后 7 d 左右，可采用自由采食法补料，即在补料槽里放上颗粒料等，让仔猪自由采食。为使仔猪尽快吃料，开始几天将仔猪赶到补料槽旁边，上午和下午各 1 次，效果较好。

（9）矫正母猪咬子的不良行为。对于咬仔猪的母猪，可将铁丝或塑料制的防护口罩套在嘴上，人工强制哺乳，通常母猪 1 d 后就不再咬仔猪，可去掉防护口罩；及时淘汰有咬子恶癖的母猪等。

(10) 在母猪产前、产后给予充足的温盐水，接产人员要及时清除母猪排出的胎衣。

22. 寒暑季节如何提高育肥猪的生产性能？

(1) 加强通风，排出氨气等有害气体，处理好通风与保温的关系，保持过猪体表风速冬季0.3 m/s，夏季1 m/s。

(2) 高温季节以屋顶喷灌形式进行屋顶降温，室内采用湿帘风机或轴流风机降温；寒冷季节封闭猪舍，杜绝贼风，使用垫草或其他保温设施（热风炉、地暖等）。

(3) 湿度控制在60%~70%，尽量采用干清粪工艺，及时清扫猪粪尿，尽量不用水冲洗，保持育肥猪舍清洁和干燥。

(4) 营养水平调整，药物保健，减少应激。高温时，提高能量水平（可添加1%~3%脂肪），添加大量的维生素E和维生素C等抗氧化剂（0.5~1 g/kg），有助于增强机体抗热应激能力。添加碳酸氢钠250 mg/kg，减轻热应激的不利影响；寒冷季节提高能量水平，日粮增加2%~3%脂肪，提高御寒能力。

(5) 合理调整饲养密度。高温季节降低饲养密度，每头育肥猪在1.2~1.5 m^2，降低动物间辐射热的产生；寒冷季节，可适当增加饲养密度，每头在0.8 m^2，增加体热保暖效果。

(6) 合理调整饲喂时间。高温季节增加饲喂次数，早上提前至5：00~6：00喂料，下午推迟到18：00~19：00喂料，尽量避开天气炎热时投料。夜间22：00~23：00加喂1次，中午可以不喂饲料，这样可增加10%~15%的采食量；寒冷季节自由采食，提高采食量，促进饲料转化率提高。

(7) 供给猪足够饮水：高温时饮水要凉爽，寒冷时饮水要注意保温。水管或饮水器不能暴露在外，必须用土或是绝缘材料裹好，防止高温时饮水晒烫，导致猪不愿喝水，或寒冷时低温冻爆水管，或猪饮用过冷水导致腹泻。

(8) 加强猪舍环境卫生、消毒灭源及疫病防控工作，防止蚊蝇叮咬、皮肤病及其他疫病滋生，及时淘汰、隔离、无害化处理病残猪，保证育肥猪健康生长。

23. 猪有哪些特殊的生理机能和生活习性?

（1）生理机能：猪是一种温顺的中等大小的杂食性动物，其颈部很短，呼吸道与外界的距离短；无汗腺而且皮下脂肪厚，内热不易散发；消化道很长，特别是小肠有 18～21 m 长，肠内毒素不易及时排出；生长速度快，活动范围小，应激反应大，抗病能力差；群居生活能力强。

（2）生活习性：喜燥怕湿，喜群怕独，喜洁怕脏，喜静怕吵，大猪怕热，小猪怕冷，喜光怕暗，喜清新怕污秽，喜友善怕粗暴。

24. 如何计算母猪生产周期?

母猪生产周期包括空怀、怀孕和哺乳等时期，对应配种、接产和断奶等技术环节。生产中应根据不同时期母猪的生理特点，有针对性地加强饲养管理，以提高母猪的年产胎次，增加生产效益。

母猪生产周期中各阶段的饲养时间为：断奶至配种阶段饲养 5～7 d、配种怀孕阶段饲养 114 d、分娩哺乳阶段饲养 21～28 d。

25. 致使猪咬尾及打架的因素有哪些?

（1）咬尾、打架多发生于刚合群的猪群内，由猪排列群序争斗所致，因此在饲养过程中要尽量避免驱赶猪群和突然并窝。

（2）猪群内原本并无咬架、咬耳、咬尾现象，如突然发生，可能是群内有猪因某些亚临床症状而产生异味，猪的嗅觉非常灵敏，又具有群居特性，会群起攻击有异味的猪。

（3）群体密度过大，会因争槽位和睡觉的位置，或因影响休息，而发生争斗咬架。

（4）日粮内缺乏食盐、钙、磷、微量元素、维生素或蛋白质等营养成分，检查这些营养成分是否缺乏或不平衡，应根据需要量标准补足或调整平衡。

26. 猪咬尾及打架如何防治?

（1）确保猪获得全面且平衡的营养，特别是矿物质和维生素的补充。在饲料中适量添加食盐和小苏打等矿物质，以及氨基多维或复合多维等营养补充剂，有助于减少咬尾和打架行为。

（2）适当控制饲养密度，避免猪群密度过大导致猪间的竞争加剧。根据猪舍大小和季节变化，合理调整猪的数量。将品种、体重、体质、采食量和性情等相近似的猪同圈饲养，以减少猪群内部的竞争和冲突。

（3）保持猪舍内的卫生和空气流通，定期清理猪舍，减少氨气和二氧化碳的浓度。同时确保猪舍内的温度和湿度适宜，以减少热应激和其他应激反应。

（4）根据环境条件、寄生虫种类及发育规律，对猪定期驱虫，以减少因寄生虫感染引发的咬尾和打架行为。

（5）被咬伤的猪，应及时进行清创和消毒处理，严重的可使用对应的药物治疗。同时，可以在饲料中适当增加复方维生素及矿物质，以帮助猪恢复健康。

（6）断尾是控制咬尾症的一种有效措施，但应在专业人员的指导下进行。此外，早去势不仅能提高育肥性能和胴体品质，还能避免因相互争斗而引发咬尾症。

第二章　猪场的防疫管理

27. 目前危害我国养猪生产的主要疫病有哪些?

我国猪病呈现种类多而复杂的特点，主要疫病有病毒病、细菌病、寄生虫病及普通病等。

危害我国养猪生产的病毒病主要有猪繁殖与呼吸综合征（俗称蓝耳病）、非洲猪瘟、猪圆环病毒病、猪流感、猪传染性胃肠炎、猪流行性腹泻和猪轮状病毒病、猪瘟、猪口蹄疫、猪伪狂犬病等；细菌病主要有副猪嗜血杆菌病、猪链球菌病、猪支原体肺炎（猪喘气病）、猪传染性胸膜肺炎、猪巴氏杆菌病和大肠杆菌病等；寄生虫病主要有猪弓形体病和疥癣等。

28. 我国猪传染病的流行特点有哪些?

（1）混合感染增多：猪传染病往往表现多病原混合感染和继发感染，使病原体多元化，症状复杂化。两种或两种以上病原，甚至多种病原混合感染并继发感染已成为当前猪群疫病流行的主要形式与特点，临床症状复杂化，给诊断与防控带来困难。

（2）隐性感染增多：随着兽医行业的发展和临床猪病疫苗使用的增加，以及养殖户对防疫的过度依赖，使得一些疫病的症状不明显，呈隐性感染，很难被发现。尤其是由于外界环境的改变、滥用抗生素、高度免疫等，造成病原体发生改变，出现新的毒株或血清型，使疫病不断出现非典型化，给诊断带来困难，且易发生误诊，影响防控效果，造成不必要的经济损失。

（3）免疫抑制性疾病增多：疫病对猪的免疫系统产生抑制和破坏，使其对病原体的抵抗力降低或消失，影响了猪体的健康，妨碍了猪对病毒的免疫。临床常见的蓝耳病、圆环病毒Ⅱ型感染、伪狂犬病、细小病毒病、猪瘟、猪流感、猪喘气病、传染性胸膜肺炎、沙门菌病、弓形虫病等，均为免疫抑制性疾病，是当前猪群中最为严重的一类疾病，应重点防控。

(4) 继发性细菌感染增多：由于大量的抗生素和免疫药物的使用，导致产生大量耐药菌株；多种病原混合感染与免疫抑制，导致机体免疫力低下，致使外源菌侵入机体，内源常在菌发生内源性感染，导致临床上常见副猪嗜血杆菌、链球菌、支原体、多杀性巴氏杆菌、放线菌、附红细胞体、大肠杆菌以及弓形虫等继发感染，使病情加重，发病率与死亡率增高，造成重大的经济损失。

(5) 持续性感染出现：许多免疫抑制性病毒在猪群中持续性感染，使猪体长期带毒，以持续性感染、垂直传播与水平传播为特点；在临床上以免疫抑制、双重感染与多重感染为特征，导致了疫病长期、持续存在，难以根除。

(6) 病原体不断发生变异：由于病原体受到外界环境变换、高度免疫接种及滥用抗生素等因素的影响，病原体的毒力变强或变弱，出现新的变异毒株和新的血清型。比如蓝耳病变异毒株引起高致病性蓝耳病及圆环病毒变异毒株的出现，多杀性巴氏杆菌 A 型和 D 型血清型的出现（B 型减少），造成高发病率与高死亡率。

29. 生猪各阶段传染性疾病的发病特点有哪些？

(1) 哺乳仔猪：仔猪出生到断奶期易感染的疾病主要有传染性胃肠炎、轮状病毒病、大肠杆菌病、Ⅱ型圆环病毒病、蓝耳病、猪萎缩性鼻炎、Ⅱ型链球菌病等。

(2) 保育猪：保育期易感染的疾病主要有伪狂犬病、口蹄疫、猪瘟、副猪嗜血杆菌病、Ⅰ型链球菌病、支原体肺炎、大肠杆菌病等。

(3) 育肥猪：生长育肥猪易感染的疾病主要有口蹄疫、猪瘟、猪丹毒、猪传染性胸膜肺炎等。

30. 猪传染病的控制原则有哪些？

（1）选取优良种猪：在当前养猪场的日常管理工作中，要不断加强优良种猪的培育繁衍，注重种猪的自身优良性。

（2）定期检测疫病并接种疫苗，制订科学合理的监测与免疫计划。

（3）严格控制猪舍环境，保持猪舍合理的温度和通风量，及时清除垃圾粪便，定期消毒。

（4）确保饲料营养均衡和科学用药，根据不同阶段生长需求配制饲料，对症治疗，严禁超剂量使用药物与疫苗，禁止使用国家禁用的药物与添加剂。

31. 猪场发生传染病时的防治措施有哪些？

（1）发现疑似传染病时，必须及时隔离，尽快确诊，并迅速上报。一时不能确诊的疾病，应采集病料送有关部门进行实验室检查。

（2）对口蹄疫、非洲猪瘟等一类传染病或当地新发现的传染病，应追查疫源，迅速采取紧急扑灭措施，划定疫区或疫点进行封锁。疫区封锁范围，可根据疫情、地理环境而定，一般按自然村封锁。疫点是指发病及邻近的猪舍或猪群。在疫区封锁期间，应禁止生猪及其产品交易等活动。直到最后一头病猪痊愈（或死亡或急宰）后，经过该病的最长潜伏期，再无新的病例出现，再经过全面彻底消毒后，可以解除封锁。

（3）对发病猪群及邻近猪群，应逐头测温和临床检查，发现病猪立即隔离治疗或淘汰急宰。

（4）被传染病猪污染的场地、用具、猪舍、运动场、工作服及其他污染物等必须随时彻底消毒。垫草应予烧毁，粪便应堆积发酵或送发酵池或深埋。

（5）病死猪一律烧毁或埋入 2 m 深的地下，不准食用，以防中毒或传染。

（6）急宰病猪应在指定地点进行，屠宰后的场地、用具及污染物，必须进行严格消毒。

（7）在传染病流行期间，猪舍及用具应每周消毒 1~2 次。病猪隔离舍应每日或随时进行消毒。当传染病扑灭后及疫区（点）解除封锁前，必须进行终末大消毒。

（8）对假定健康猪（与病猪及其排泄物有过直接或间接接触的猪）及受威胁区的健康猪应进行紧急预防接种，提高猪群的免疫力。紧急预防接种应从受威胁区开始，而后依次接种假定健康猪、可疑病猪。

（9）对尚无疫苗的细菌性传染病可普遍饲喂抗生素或化学合成抗菌药 5~7 d，进行药物预防。

（10）改善饲料营养和卫生管理，以提高抗病能力，避免与传染源（病猪、可疑病猪等）接触，减少感染机会。

32. 猪场疫病的防控措施有哪些？

（1）选好场址，合理布局。猪场选址尽可能在山区或远离居民区的荒滩，要建在地势高燥，排水便利，水源充足，离公路、河道、村镇、工厂、学校 3 000 m 以外的地方。猪场周围建筑 2. 5 m 以上的围墙。母猪、公猪、仔猪、育成猪、育肥猪应分开饲养，不要放在同一个场区。猪场应设隔离圈，隔离圈舍离健康猪圈不少于 100 m。生产区应与行政管理区、生活区分开。粪便发酵池或堆积发酵的粪场应设在围墙之外。

（2）建立防疫制度，外防传入，内防扩散。本场工作人员和饲养员进入生产区时，要换工作服和鞋。不准无关人员进入生产区，坚决杜绝参观，必要进场的必须按生物安全流程检测、洗澡、更衣、隔离，并经彻底消毒方可入内。场外车辆、用具等不准进场，出售种猪、肥猪、仔猪须在生产区外进行。猪场职工家属，一律不准私人养猪。饲养人员不准串猪舍，用具和所有设备要固定在本舍内使用。生产区和猪舍的入口处应设消毒池，消毒池的消毒药水要定期更换，经常保持有效浓度。不准在生产区或猪舍内宰猪或解剖死猪。不准把生猪肉带进生产区或猪舍。食堂、饭店等单位的泔水可能与生猪肉有直接或间接的接触，极易传播疾病，必须经过煮沸消毒后才可喂猪。

（3）猪舍随时清扫，保持清洁卫生。猪粪尿不仅臭味浓，吸引苍蝇，产生氨气，危害健康，而且是传播疾病的重要媒介，必须随时清除，并将粪便送发酵池处理或堆积发酵。猪舍要经常开窗通风，使猪舍清洁干燥，空气新鲜，冬暖夏凉。食槽和用具应常洗，并定期消毒。训练猪群定点排粪，尽量不让猪体沾染粪尿，促进其正常生长发育。

（4）消灭老鼠、蚊、蝇，以防传播疾病。老鼠和蚊蝇能传播多种传染病和寄生虫病，浪费粮食，骚扰猪群，危害很大，因此猪场应把灭鼠灭蚊蝇工作列入卫生防疫计划，常抓不懈。防治鼠害应从饲料管理和环境治理入手。储存的饲料要有防鼠措施，抛撒和剩余的饲料要当天清除干净。圈舍及周围的堆积物和杂草要清除干净，堵塞鼠洞，使老鼠没有藏身之地。门窗要严密，消除老鼠从下水道、污水沟等处进入圈舍的通道，以防老鼠进入猪舍。

（5）注意疫情监测，及时发现疫病。兽医和饲养管理人员应每日早晚巡视猪舍，检查猪舍卫生状况，观察猪的精神状态、活动、采食、饮水及排便情况，发现病猪立即报告，特别是猪场周围有疫病流行时，更应提高警惕，加强防范措施。有条件的猪场，应定期对某些传染病进行血清学监测，掌握疫情，以便及时采取防治措施。

（6）严格执行购买种猪时的防疫、检疫措施。猪场或养猪专业户最好施行自繁自养加引进精液的模式，可避免买猪时带进传染病，也可利用杂种优势，提高养猪效益。必须引种时，应调查卖方猪场或地区的疫病流行情况，从无疫病流行的猪场或地区购入种猪，并隔离观察 1 个月以上，确认种猪健康后，再全身喷雾消毒，方可入舍混群。

33. 猪场灭鼠的措施有哪些？

药物灭鼠要选用适当的灭鼠剂和捕鼠器。用敌鼠钠盐灭鼠时要将敌鼠钠盐毒饵放在质地坚实的毒饵盒内，将毒饵盒布置在鼠类的通道和经常活动的地方，不要放在圈内以免被猪拱翻误食。毒饵要连续投放5~7 d，投饵后须注意检查。妥善处理中毒老鼠，以免猪吃死鼠中毒。敌鼠钠盐可配成0.03%~0.05%的毒饵，取含有效成分80%的敌鼠钠盐原药0.5 g，放于适量的沸水（不能用低于80 ℃的水）中溶解，加入适量的糖和警戒色，再泡入1 000 g饵料，搅拌均匀，使饵料均匀吸收药液，阴干即成。饵料用米、小麦、稻谷、玉米糁、红薯丝、胡萝卜丝等均可。除敌鼠钠盐外，杀鼠灵、氯敌鼠等都可选用。

防治鼠害不能单纯依靠化学灭鼠剂，还要使用捕鼠夹、捕鼠笼等机械捕鼠法。

34. 猪场防蚊蝇的措施有哪些?

蚊虫生长发育要经过卵、幼虫、蛹、成虫4个阶段，前3个阶段是在水中生活，成虫后才活动于陆地。灭蚊要从治理环境入手，平整坑洼地面，排出积水，翻盆倒罐，铲除杂草。在越冬蚊出现时要及时消灭，在大量繁殖季节要加强灭蚊措施，一般采取诱杀和药物灭蚊方法。菊酯类杀虫剂无节制地使用，已使许多昆虫产生了抗药性，可选用敌百虫、敌敌畏、杀螟蚣、倍硫磷、辛硫磷、马拉硫磷等杀虫剂。这些杀虫剂喷洒后都有3~7 d的持续期，可以定期喷洒。

苍蝇以动物的粪便、排泄物、剩余饲料、垃圾为食，对这些要及时清除，消除滋生条件。选用的杀虫剂与灭蚊用药相同。圈舍内可以布放0.5%敌百虫饭粒或0.2%敌百虫鱼条来诱杀苍蝇，每3~5 d更换1次。对粪堆、粪坑等可用植物消灭蝇蛆，如艾、闹羊花、曼陀罗、打破碗花、青蒿、毛茛、苦楝皮、百部等切碎或捣碎撒入粪堆、粪坑。

35. 如何制定猪场消毒程序?

（1）先彻底清除猪舍内地面、墙壁、门窗、天棚、通道、下水道、排粪沟、猪栏、猪圈、饲料槽、水管、水箱、用具等中的污物，打扫干净，再用水浸泡，然后用高压水枪冲洗，干燥后用2%氢氧化钠溶液洗刷消毒；不宜使用氢氧化钠溶液消毒的金属物品可用0.1%新洁尔灭清洗消毒，第2天用高压水枪冲洗1次，干燥后再用戊二醛喷雾消毒1次。

（2）福尔马林熏蒸消毒。每立方米空间用福尔马林溶液25 mL，高锰酸钾25 g，水12.5 mL，计算好用量后先将水和福尔马林混合（分点放药）于容器中，然后将事先用纸包好的高锰酸钾放入容器内，并用木棍搅拌一下，几秒钟后可见浅蓝色刺激眼鼻的气体蒸发出来。室内温度应保持在22~27 ℃，关闭门窗24 h，然后开门窗通风，空舍1周后即可进入新猪群。

（3）生产区专用送料车每3 d消毒1次，可用0.3%过氧乙酸溶液、1∶400复合酚或3%来苏儿溶液喷雾消毒。

（4）猪舍外环境及道路要定期进行消毒，填平低洼地，铲除杂草、灭鼠、灭蚊蝇、防鸟等。

（5）进入生产区的物品、用具、工具、器械、药品等要通过专用消毒间消毒后才能进入猪舍。可用紫外线灯或熏蒸进行消毒。

（6）工作人员进入生产区必须经淋浴后，更换消毒衣、帽、鞋才能进入猪舍。如离开猪场或休假等，返场后要在生活区先隔离48 h，才可进入生产区。

（7）生产区内的工作人员，送料车以及不同龄的猪转群等均应定向流动，不要共用一个通道。

36. 猪场疫源性消毒的主要措施有哪些？

疫源性消毒是指猪场发生传染病时及发生传染病后，为控制病原的扩散，对已造成污染的环境、畜舍、饲料、饮水、用具、场地及其他物品进行全面彻底的消毒。

（1）在彻底清理被污染的病畜舍之前，需用0.5%的过氧乙酸或其他消毒剂对其进行喷雾消毒。

（2）彻底将病畜舍内的粪便、垫料和剩料等各种污物清理干净，对清理出来的污物进行无害化处理。将可移动的设备和用具搬出猪舍，集中堆放到指定的地点进行清洗和消毒。

（3）病猪舍经清扫后，用火焰喷射器对猪舍的墙壁、地面、用具等非易燃物品进行火焰消毒；火焰消毒后，用高压水枪进行冲刷，清洗干净，冲洗后的污水要收集到一起进行消毒，并做无害化处理。

（4）待病猪舍地面水干后，用消毒液对地面和墙壁等进行均匀、足量地喷雾或喷洒消毒。为使消毒更加彻底，首次消毒冲洗后间隔一定时间，进行第二次甚至第三次消毒。

（5）病猪舍经喷洒消毒后，关闭门窗和风机，用福尔马林密闭熏蒸消毒 24 h 以上。

（6）对疫点、疫区养殖场内病猪舍的外环境，先喷洒消毒剂全面消毒后，彻底清理干净，再进行第二次消毒。

37. 猪场常用消毒药有哪些?

猪场消毒药品要杀菌性能好，广谱、高效、低毒，作用迅速；对人和动物无毒害作用；对金属、木材及塑料制品等无损坏作用，对环境无污染作用，性质稳定，无易燃性和易爆性，不会因自然界存在有机物、蛋白质、渗出液等而影响杀菌效果；保存、使用方便，易溶于水。

（1）猪场大门消毒池选用醛类、氢氧化钠、复合酚等作为消毒剂，消毒池的大小根据猪场实际而定，药液每周更换一次，主要是对进出车辆进行消毒。

（2）猪舍的地面、通道、墙壁、天棚、门窗、猪圈、猪栏、运动场地、设备及用具用 1：400 复合酚、1：200 浓戊二醛等消毒剂喷雾消毒。

（3）猪场生产区的道路、水泥地面、下水道、排污沟等地方用 2%氢氧化钠溶液、1：400 复合酚、1：200 浓戊二醛、过硫酸氢钾 1：（200~800）倍稀释消毒。

（4）猪场的供水设备、饮水器、水管及水箱等用含有效氯 20%以上的漂白粉、2%氢氧化钠，稀释成 3%溶液浸泡或冲洗消毒。

（5）母猪产房、产床可用 1：400 倍稀释的复合酚溶液消毒。母猪进产房前用 30 ℃ 的温水清洗全身后，用 0.1%的新洁尔灭溶液、0.1%的过氧乙酸溶液、0.1%的高锰酸钾溶液或 1：400 的过硫酸氢钾溶液进行全身喷雾消毒。猪舍带猪消毒可用 0.1%的过氧乙酸溶液或1：200的过硫酸氢钾溶液等进行消毒。

（6）猪粪可用发酵池发酵后使用，或用 5%的氨水（含量为 18%的农用氨水 2.5 kg 加水 6.5 kg 配成消毒液）喷洒消毒。猪尿用漂白粉（100 mL 尿液中加漂白粉 3 g，作用 2 h 即可）进行消毒。

（7）猪场的污水可用沉淀法、过滤法或化学方法进行处理后排放。用药物消毒可按每升污水中加漂白粉 2.5 g，拌匀后静止 2 h 再排放。

（8）病猪尸体用掩埋法处理时应选择离猪场 100 m 之外的无人区，在土质干燥、地势高、地下水位低的地方挖深 3 m 的坑，长宽根据需要而定，坑底部撒上生石灰，再放入尸体，放一层尸体撒一层生石灰，最后填土夯实。

38. 猪场消毒注意事项有哪些？

（1）要正确使用消毒药物，按消毒药物使用说明书的规定与要求配制消毒溶液，药量与水量的比例要准确，不可随意加大或减少药物浓度。为使操作简单化，可制作可量化的消毒剂取存工具。

（2）不准任意将两种不同的消毒药物混合使用或消毒同一种物品，因物理或化学性的配伍禁忌会使药物失效。

（3）消毒时要严格按照消毒操作规程进行，认真检查，确保消毒效果。

（4）消毒药物应定期替换使用，不要长时间使用同一种消毒药物消毒同一种消毒对象，以免病原菌产生耐药性，影响消毒效果。

（5）消毒药物要现配现用，在短时间内一次用完。消毒药物放置时间过长，会使药液的浓度降低或完全失效。

（6）消毒操作人员要戴防护用品，以免消毒药物刺激眼、手、皮肤及黏膜等。同时也应注意避免消毒药物伤害猪群及物品。

39. 猪场干粉消毒剂的作用有哪些？

（1）预防环境性疾病。对动物皮肤、黏膜，消化系统、呼吸系统和眼部等无害、无刺激性。可大量吸附室内氨气等有害气体，迅速降低圈舍湿度，保持环境干燥，抑制细菌繁殖。

（2）超强的干爽功能。可迅速干燥体表，保持体温，减少因水分蒸发所造成的体能流失；加快初生仔猪脐带干燥、愈合的速度，防止外界细菌入侵，提升初生仔猪适应环境的能力；提高初生仔猪成活率；可使初生仔猪在短时间内站立行走，并更多、更快地吃到初乳。

（3）迅速地凝血、止血。减缓局部血流，具有止血、加速伤口愈合的作用。可在猪出生、断尾、阉割时，涂抹于脐带和伤口处，也可在畜禽外伤破损时用于止血。

（4）通过酸化作用降低外界 pH 值，破坏病原细胞壁与细胞膜脂类或蛋白，达到消灭病原的目的。

40. 猪场制定免疫程序时需要考虑的因素有哪些？

（1）要考虑当地疫病的流行情况及严重程度，以确定接种疫苗的种类和时间。

（2）要考虑仔猪母源抗体的水平。母源抗体来源于繁殖母猪的乳汁（主要是初乳），初生仔猪吃初乳后，乳汁中的抗体很快被仔猪的肠道吸收，从而获得母源抗体，增强了仔猪对疾病的抵抗力。另外，母源抗体有一定的消长规律，可干扰首次免疫的效果，因此当母源抗体阳性率降至 60%~80%，离散度大于 60%时，方可进行首次免疫，间隔 2~3 周进行二次免疫接种。

（3）要考虑疫苗及菌苗的种类。油佐剂或氢氧化铝灭活苗注射后，需 2~3 周才能产生较强的免疫力，注射剂量较大，一般免疫期较短，但受母源抗体的干扰较小。弱毒活苗注射后，经 7 d 左右即能产生良好的免疫力，注射剂量小，一般免疫期较长，但易受母源抗体的干扰。

（4）要考虑免疫接种的方法。疫苗、菌苗一般采用皮下或肌内注射，有些疫苗可以口服、滴鼻或气雾免疫，个别的菌苗如气喘病弱毒菌苗，需做胸腔内注射才能产生免疫力，应按疫苗使用说明书操作，不可随意改变。

（5）要考虑各种疫苗、菌苗接种的配合。疫苗、菌苗是生物制品，各有各自的特异性，只能免疫相对应的疾病。为了预防多种传染病，需要注射多种疫苗，口蹄疫、猪瘟、伪狂犬病等疫苗可混合注射，会产生良好的预防效果，细菌灭活苗不建议混合注射。

（6）要考虑猪体的健康状态及生产能力。免疫应答是在中枢神经调节下由免疫器官所产生，健康的体质和发育成熟的免疫器官可产生良好的免疫应答。对不健康或免疫器官发育不全的猪，不宜免疫接种，对将要分娩的母猪应暂缓注射，以防引起流产。

41. 猪场导致免疫失败的原因有哪些？

免疫失败是指对猪场进行了免疫，但猪群或猪只不能产生足够的保护性抗体，仍发生相应的亚临床型疾病甚至临床型疾病。此外，如果免疫后猪群或猪只抗体水平或细胞免疫水平不能达标，保持持续性感染带毒状态，均属于免疫失败。

（1）免疫剂量不足，疫苗中病毒株免疫原性差。由于疫苗中病毒含量不足，活苗中病毒发生失活等多种原因导致免疫剂量不足，疫苗中病毒株免疫原性差等导致的免疫失败均较常见。保存、运输、使用疫苗不正确，可导致免疫剂量不足，免疫失败。疫苗中病毒株、抗原的免疫原性差。

（2）疫苗毒株（或菌株）的血清型和流行株不符。如口蹄疫病毒有 7 个血清型，80 多种亚型，且该病毒易变异，新的亚型不断出现，而型间互不交叉保护，各亚型间仅有部分交叉保护。若口蹄疫疫苗毒株的血清亚型不包含流行的口蹄疫病毒的血清亚型，则可能引起免疫失败。

（3）佐剂的应用不合理。通过给猪群皮下或肌内注射不含佐剂或含一般佐剂的灭活苗（包括油苗），可刺激机体免疫系统产生 IgM

和IgG类抗体，但引起的细胞免疫较弱，保护黏膜表面的IgA生成很少，不能控制肠道、呼吸道、乳腺、生殖道部位等黏膜表面感染。控制黏膜表面感染，需要依靠细胞免疫、分泌型IgA的作用。使用弱毒苗或高效佐剂的死苗则可引起细胞免疫、黏膜免疫。

（4）强毒株流行，持续性感染猪长期带毒、排毒，病原发生变异，是免疫失败的重要原因。此外，某些病毒易发生变异，动物群中流行毒株为逃脱中和抗体的作用可发生抗原漂移。

（5）免疫程序不合理。免疫程序不合理，免疫失败是必然的。疫苗接种前首先要制定合理的免疫程序，应依据当地的疫情、猪群的免疫状态、本场的饲养管理等实际情况。另外，还要注意猪体的抗体水平，包括母源抗体水平，如果猪群存在较高水平的母源抗体，会极大地影响疫苗的免疫效果。

（6）猪体的免疫功能受到抑制。遗传性免疫抑制疾病、衰老、营养性免疫抑制、毒物与毒素、应激等因素均可导致免疫功能受损。猪群免疫功能受到抑制时，猪群不能充分对免疫接种做出应答，甚至在正常情况下具有较低致病性的微生物或弱毒疫苗可引起猪群发病，使猪群发生难以控制的复发性疾病、多种疾病综合征，猪的死亡率增加。

（7）免疫干扰。已有抗体和细胞免疫的干扰，如母源抗体的存在，可使仔猪在一定时间内获得被动免疫，但又给免疫接种带来影响。在使用由细菌制成的活苗（如巴氏杆菌苗、猪丹毒杆菌苗）时，猪群在接种前、后10 d内使用敏感的抗菌类药物（包括敏感的具有抗菌作用的中药），易造成免疫失败。将病毒苗与弱毒菌苗混合使用，若病毒苗中加有抗生素则可杀死弱毒菌苗，从而导致免疫失败。

（8）免疫耐受。免疫耐受是指机体对正常情况下可引起免疫反应的抗原物质表现为无反应性，机体的这种无反应状态称为免疫耐受或免疫无反应性。

（9）免疫麻痹。使用疫苗的免疫剂量过大，机体免疫应答就会受到抑制，发生免疫麻痹。超大剂量活疫苗感染在免疫抑制的情况下甚至可导致猪发生临床疾病。

42. 导致猪体免疫机能受到抑制的原因有哪些?

(1) 自身的免疫抑制：猪发生遗传性免疫抑制疾病，衰老也可导致免疫抑制。

(2) 营养性免疫抑制：营养不良，维生素和微量元素中某些成分的缺乏或过多均可导致免疫功能受损。如维生素 A 缺乏会导致淋巴器官的萎缩，影响淋巴细胞的分化、增殖、受体表达与活化，导致体内的 T 淋巴细胞、NK 细胞数量减少，吞噬细胞的吞噬能力下降，B 淋巴细胞的抗体产生能力下降。日粮中添加适量维生素 E 或硒可提高猪的体液免疫和细胞免疫水平。

(3) 毒物与毒素所引起的免疫抑制：霉菌毒素、重金属、工业化学物质和杀虫剂等可损害免疫系统，引起免疫抑制，在不使猪群发生中毒症状的剂量下，就能使猪群易发感染性疾病。饲料中的黄曲霉毒素可降低猪对猪瘟的免疫力，并由于继发沙门菌而加重临床症状，增加口腔接种猪痢疾密螺旋体的易感性。

(4) 药物所引起的免疫抑制：免疫接种期间使用了地塞米松(糖皮质激素)等免疫抑制药物，导致免疫抑制。要限制使用可抑制机体免疫反应的药物，特别是在机体免疫接种期间。在免疫时可适当选用免疫增强剂及一些具有免疫增强作用的中药制剂。

(5) 环境应激所引起的免疫抑制：过冷、过热、拥挤、捕捉、混群、断奶、限饲、运输、噪声和保定应激因素，导致血浆皮质醇浓度显著升高，抑制猪群免疫功能。

(6) 病原体感染所引起的免疫抑制：引起免疫抑制的感染因素很多，如猪肺炎支原体感染损害呼吸道上皮黏液纤毛系统，引起单核细胞流入细支气管和血管周围，刺激机体产生促炎细胞因子，降低巨噬细胞的吞噬杀菌作用，引起免疫抑制。

(7) 免疫前已感染了所免疫预防的疫病或其他疾病，降低了机体的抗病能力及对疫苗接种的应答能力，猪群免疫功能受到抑制时，不能充分对免疫接种做出应答，甚至在正常情况下具有较低致病性的微生物或弱毒疫苗就可引起猪群发病。

43. 规模化猪场进行药物预防时的选药原则有哪些？

（1）要根据猪场与本地区猪病发生与流行的规律、特点、季节性等，有针对性地选择疗效高、安全性好、抗菌谱广的药物用于预防，切不可滥用药物。

（2）使用药物预防之前最好先进行药物敏感性试验，以便选择高敏感性的药物用于预防。

（3）保证用药的有效剂量，以免产生耐药性。药物预防时一定要按规定的用药剂量，均匀地拌入饲料或完全溶解于饮水中，以达到药物预防的作用。用药剂量过大，不仅造成药物的浪费，还可引起副作用；用药剂量不足，不仅用药时间过长，达不到药物预防的目的，还可能诱导细菌对药物产生耐药性。猪场进行药物预防时应定期更换不同的药物，即可防止耐药性菌株的出现。

（4）要防止药物蓄积中毒及毒副作用。有些药物进入动物机体后排出缓慢，连续长期用药可引起猪体药物蓄积中毒。如猪患慢性肾炎，长时间使用链霉素或庆大霉素可在体内造成蓄积，引起中毒。有的药物在预防疾病的同时，也会产生一定的毒副作用。如长期大剂量使用喹诺酮类药物会引起猪的肝肾功能异常。

（5）要考虑猪的品种、性别、年龄与个体差异。幼龄猪、老龄猪及母猪，对药物的敏感性比成年猪和公猪要高，所以药物预防时使用的药物剂量应当小一些。怀孕后用药不当易引起流产。同种猪不同个体，对同一种药物的敏感性也存在着差异，用药时也应加以注意。体重大的、体质强壮的猪比体重小的、体质虚弱的猪对药物的耐受性要强，因此，对体重小的与体质虚弱的猪，应适当地减少药物用量。

（6）要避免药物配伍禁忌。当两种或两种以上的药物配合使用时，如果配合不当，有的会发生理化性质的改变，使药物产生沉淀、分解、结块或变色，减弱预防效果或增加药物的毒性，造成不良后果。

（7）选择最合适的用药方法。不同的给药方法，可以影响药物的吸收速度、利用程度、药效出现时间及维持时间，甚至还可引起药物性质的改变。药物预防常用的给药方法有混饲给药、混水给药及气雾给药等，猪场在生产实践中可根据具体情况正确地选择给药方法。

44. 规模化猪场进行药物预防时的用药方法有哪些？

（1）混饲给药法：将药物拌入饲料中，让猪通过采食获得药物，以达到预防疾病的一种给药方法。本法的优点是省时省力，投药方便，适宜群体给药，也适宜长期给药。其缺点是如药物搅拌不匀，可发生采食药物量不足，或采食药物过量而发生药物中毒。应注意药物用量要准确无误，药物与饲料混合均匀，饲料中不能含有对药效质量有影响的物质，饲喂前要把料槽清洗干净，并在规定的时间内喂完。

（2）混水给药法：将药物加入饮水中，让猪通过饮水获得药物，以达到预防疾病的目的。这种方法省时省力，方便实用，适用于群体给药。其缺点是由于猪饮水时往往会损失一部分水，因此，用药量要大一点，另外由于猪个体之间饮水量不同，每头猪获得的药量可能存在差异。混水给药时应注意使用的药物必须能溶解于水中，要有充足的饮水槽或饮水器，保证每头猪在规定的时间内都能喝到足够量的水。饮水槽和饮水器一定要清洗干净，饮用水要清洁卫生，水中不能含有对药物质量有影响的物质。药物使用的浓度要准确无误，药物饮水之前要让猪停水一定时间，夏天停水1~2 h，冬天停水3~4 h，然后让猪饮用含有药物的水，较短时间饮到足量的水，以获得足量的药物，药物饮水要按规定的时间饮完。

45. 养殖场在进行药物预防时的注意事项有哪些？

（1）注意鉴别真假兽药：猪场用于防治猪病的各种兽药、生物制品、药物添加剂及微生态制剂等一定要从国家批准的生产厂家购买，并认定其批准文号、生产许可证、生产日期、质量标准、保存期等，严禁购买无证的假劣兽药，以免贻误疾病的防治。使用新兽药一定要查验是否经过主管部门审核批准生产，是否经过专业部门的鉴定，并要求厂家提供研究生产的有关技术资料，不可盲目使用。

（2）使用时应先小群试验，认真观察其防治效果，然后全群使用。

（3）药物预防要按药物使用规定的停药期停止使用，以免因药物残留危害公共卫生。

（4）投放药量剂量要足，方法要准，混料搅拌要匀，混水溶解要完全，用药时间一般为 7～15 d。

（5）每次进行药物预防时，对使用的药物名称、剂量、方法及用药时间要详细记录，以便及时观察，随时处理可能出现的问题。

46. 疾病诊断方法有哪些？

（1）流行病学诊断。通过询问调查、查阅病史资料和现场察看，取得丰富的第一手资料，然后进行归纳整理和分析判断，从而初步明确是传染病还是普通病，是群发性疾病还是散发性疾病，是急性病还是慢性病，是一种疾病还是多种疾病混合感染，为进一步诊断提供可靠的依据和线索。查明传染病发生、发展的过程，弄清传染源、易感动物、传播途径、影响传播的因素、疫区范围、发病率和死亡率等，以便制定有效的防治措施。

（2）临床诊断。临床诊断是利用人的感官或借助于一些简单的器械如体温计、听诊器等直接对病猪进行检查。对某些具有特征性症状的典型病例，如疹块型猪丹毒、猪破伤风、猪坏死杆菌病、猪痘等，一般不难做出诊断。但是在发病初期尚未出现特征性症状的病例，或非典型病例和隐性感染病例，仅依据临床诊断难以确诊，必须结合其他诊断方法才能确诊。在进行临床诊断时，应注意收集整个发病猪群所表现的综合症状，然后进行分析判断，不可单凭个别病例的症状轻易下结论，以免误诊。

（3）病理学诊断。病理学诊断是对病死猪或濒死期扑杀的猪进行剖检，用肉眼和显微镜检查各器官及其组织细胞的病理变化，以达到诊断的目的。每种疾病，特别是传染病，都有一定的特殊性的病理变化，所以对死猪进行病理学检查有很重要的诊断意义。应尽量多检查几头，并选择症状较典型的病例进行剖检。有些传染病除肉眼检查外，还需采取病料送实验室做病理组织学检查才能确诊。

（4）病原学诊断。运用涂片镜检、分离培养、实验动物接种等兽医微生物学的方法从病猪体内检出病原体。病料力求新鲜，最好在濒临死亡时或死后 2 h 内采取，尽量采用无菌操作，减少杂菌污染，同时应根据初诊的疾病采取相应的病料。从病料中分离出微生物，虽然是确诊的重要依据，但也应注意猪的健康带菌现象，其结果也需与临床及流行病学、病理特征结合起来进行分析。

（5）血清学诊断。血清学诊断是传染病诊断中常用的一种诊断方法，因它既可用已知的抗原来测定被检动物血清中的特异性抗体，也可用抑制的抗体（免疫血清）来测定被检材料中的抗原。常用的方法有凝集、沉淀、补反、中和、凝集溶解、间接血凝、血凝、血凝抑制、琼脂扩散、免疫荧光、酶联免疫吸附试验等。

（6）分子生物学诊断。分子生物学的快速发展，为传染病的快速、特异诊断方法的建立以及诊断试剂的标准化提供了广泛的手段和应用前景。分子生物学诊断又称基因诊断，主要是针对不同病原微生物所具有的特异性核酸序列和结构进行测定。基因诊断方法在传染病诊断方面具有代表性的技术主要有三大类：核酸探针、多聚酶链式反应（PCR）技术和基因芯片（DNA 芯片）技术。

47. 猪场免疫如何管理？

（1）制定合理的免疫接种程序。制定免疫程序首先考虑的是了解猪场附近一定区域内以往及目前疫情流行的情况，传染病的基本特征是具有传染性，附近区域的猪病疫情状态会影响或威胁猪场易感猪，应将当地经常流行、危害性大的疫病列入免疫范围。但对某些未查清流行情况的新病必须谨慎，不能盲目使用疫苗，以免引起该病的暴发。

（2）合理选购和使用疫苗。疫苗的主要成分就是从细菌、病毒或真菌中分离出来的（非致病性或者弱毒）抗原，抗原的本质就是能够刺激机体产生免疫反应的大分子蛋白质。当疫苗被注入猪体中，有效的抗原刺激猪产生免疫应答，产生抗体和细胞免疫保护，当猪体在随后受到对应的病原体感染时会提供免疫保护，有效地破坏、抑制细菌或病毒在体内的增殖。常用疫苗一般分为全病原弱毒疫苗、全病原灭活疫苗和基因工程疫苗等，疫苗接种可以一次注射一种疫苗，也可以同时分别注射两种疫苗。

（3）保证疫苗质量。首先要选择正规的渠道，选购的疫苗产品要有批准文号、有效日期和生产厂家，同时要确保疫苗的来源稳定，不能频繁更换疫苗。实施免疫必须根据其特性及产品使用说明进行免疫，合理的免疫途径可以刺激机体迅速产生免疫应答，而不合理的免疫途径可能导致免疫失败或造成不良反应。

48. 临床常用猪疫苗的种类有哪些？

根据抗原的种属可将疫苗分为细菌性疫苗、病毒性疫苗和寄生虫性疫苗；根据抗原的活性分为弱毒疫苗（冻干苗）和灭活疫苗（组织灭活苗和细胞灭活苗）；根据制备方法分为普通疫苗和基因工程疫苗等。

（1）弱毒疫苗。弱毒疫苗的优点是产生抗体速度快，生产成本较低，免疫期长；缺点是稳定性较差，有的毒力可能发生突变、毒力返强且免疫效果受母源抗体影响。大多数的活疫苗都采用冷冻真空干燥的方式冻干保存，可延长疫苗的保存时间，保持疫苗的效价。

（2）灭活疫苗。灭活疫苗的优点是安全性和免疫原性好，缺点是注射剂量大，只有添加佐剂后才能延长免疫保护期，同时成本较高。此类疫苗主要采取 2~8 ℃冷藏保存。

（3）基因工程疫苗。基因工程疫苗包括基因缺失疫苗、重组活载体疫苗、合成肽疫苗以及核酸疫苗。目前应用比较成功的疫苗为基因缺失疫苗，它具有良好的免疫原性，免疫保护期长，缺点是可能与野毒株发生基因重组使毒力返强。

（4）自家组织灭活疫苗。自家组织灭活疫苗是在猪群暴发蓝耳病、圆环病毒病等疾病时，选择发病症状较典型的猪，取其病毒含量较多的肺脏及淋巴等组织器官进行研碎灭活而制成的疫苗。自家组织灭活疫苗只能是临时应急的一种措施，存在灭活不彻底及接种后存在散毒的危险。

49. 疫苗免疫接种的方法有哪些?

（1）皮下注射。皮下注射是目前使用最多的一种方法。皮下注射是将疫苗注入皮下组织后，经毛细血管吸收进入血液，通过血液循环到达淋巴组织，从而产生免疫反应。注射部位多在耳根皮下，皮下组织吸收比较缓慢而均匀，油性佐剂类疫苗不宜皮下注射。

（2）肌内注射。肌内注射是将疫苗注射于肌肉内，注射针头要足够长，以保证疫苗确实注入肌肉内。

（3）滴鼻接种。滴鼻接种是属于黏膜免疫的一种，黏膜免疫接种既可刺激产生局部免疫，又可建立针对相应抗原的共同黏膜免疫系统；黏膜免疫系统能对黏膜表面不时吸入或食入的大量种类繁杂的抗原进行准确的识别并做出反应，对有害抗原或病原体产生高效体液免疫反应和细胞免疫反应。目前使用比较广泛的是猪伪狂犬病基因缺失疫苗的滴鼻接种。

（4）口服接种。由于消化道温度和酸碱度都对疫苗的效果有很大的影响，因而这种方法目前很少使用。

（5）气管内注射和肺内注射。这两种方法多用在猪喘气病的预防接种。

（6）穴位注射。在注射有关预防腹泻的疫苗时多采用后海穴注射，能诱导较好的免疫反应。

50. 疫苗免疫接种时的注意事项有哪些?

（1）疫苗的选择，应选择适合自己猪场的疫苗及相应的血清型，所选的疫苗应是通过药品生产质量管理规范（GMP）验收的生物制品企业生产，具有农业农村部正式生产许可证及批准文号。在选购时应仔细检查疫苗瓶，凡疫苗瓶破裂、瓶盖松动、无标签、标签字迹不清、苗中混有杂质、变色、灭活苗破乳层分离、已过期失效、未按规定条件保存均不得选用。

（2）疫苗的运输：当外界环境温度不超过 8 ℃，疫苗可常规运输；超过 8 ℃时，需冷藏运输，可用保温箱或保温瓶加些冰块，避免阳光照射。应尽量避免由于温度忽高忽低而造成疫苗反复冻融，导致失活或降低效价。

（3）疫苗的保存：病毒性冻干疫苗常在−15 ℃以下保存，保存期一般为 2 年。细菌性冻干疫苗在−15 ℃保存时，保存期一般为 2 年；在 2~8 ℃保存时，保存期为 9 个月。油佐剂灭活疫苗在 2~8 ℃保存，禁止冻结。铝胶佐剂疫苗一般在 2~8 ℃保存，不宜冻结。蜂胶佐剂灭活疫苗在 2~8 ℃保存，不宜冻结，用前充分摇匀。

（4）器械与注射部位的消毒。免疫接种前应将注射器及针头等器械采取高压灭菌或煮沸消毒，稀释疫苗前应将疫苗瓶盖、稀释液的瓶盖用 70%~75%的乙醇消毒后方可用注射器的针头插入稀释，注射部位用 2%~5%的碘酊消毒再用 70%~75%的乙醇脱碘后，方可接种，以免造成注射感染。吸取疫苗时应使用专用针头，不得用使用过的针头吸苗，以防污染疫苗。

（5）注射针头长度要合适，确保疫苗注射到位。哺乳仔猪为 9×10（规格×毫升），保育仔猪 12×20（规格×毫升），肥猪、空怀妊娠猪、哺乳母猪、成年公猪为 16×38（规格×毫升）或 16×45（规格×毫升），注射时应垂直进针，要确保一猪一针头，避免人为传播疾病。

（6）选择合理的疫苗稀释液。不同疫苗的稀释液不尽相同，病毒性活疫苗一般使用灭菌的生理盐水，细菌性活疫苗选用铝胶生理盐水。也有部分疫苗使用厂家配备的专用稀释液。所用的稀释液不能出现质量问题，以防造成免疫失败。

（7）疫苗只接种健康猪群。接种疫苗的猪群必须健康状况良好，体弱、患病或精神不佳的、处于疫病潜伏期的猪群则暂时不宜接种，待机体恢复正常后方可接种。对潜伏感染期的猪进行紧急接种会使猪群迅速进入临床表现期，导致猪发病或死亡。

（8）疫苗临用前应升至常温，开封后或稀释后充分摇匀。灭活苗一般在开封后 8～12 h 内用完，最长不超过 24 h。活苗稀释后应放在冷暗处，宜 2 h 内用完，最好不超过 4 h。倘若疫苗稀释后放置时间过长，效价降低，免疫接种后则会影响免疫效果。

（9）在疫苗免疫接种时应将猪保定好，切不可少注、漏注、打飞针，以免因免疫剂量不足而引起免疫失败，也不可加大剂量免疫，剂量过大不仅增加成本，而且会使猪产生过敏反应或出现免疫麻痹。

（10）使用细菌性冻干疫苗前后一周严禁使用抗菌类药物（包括饲料中添加的药物），确需使用抗生素须在停药后一周补免一次。使用病毒性活疫苗前后一周也不得使用抗病毒性药物、干扰素及免疫抑制剂，如地塞米松等，以免影响免疫的效果。

（11）对猪群应加强饲养管理，提高营养水平，严禁饲喂霉变的饲料，在免疫接种时常在饮水或饲料中加入黄芪多糖、抗疫键、左旋咪唑、共轭亚油酸、亚硒酸钠等免疫促进剂。

（12）注意疫苗接种后的过敏反应。从未使用过新型疫苗的地区，在使用前应做小范围试用，无异常反应方可大范围使用。要注意疫苗使用后出现的过敏反应，使用疫苗前应备好抗过敏药物，如肾上腺素、地塞米松等。注射疫苗后可能有少量猪出现食欲减退或体温升高反应，一般 1～2 d 即可恢复，怀孕后期的母猪应慎用或不用反应较强的疫苗。

（13）疫苗注射完毕后，所有器械与用具都要严格消毒，对使用过的疫苗空瓶、剩余疫苗也应严格消毒处理，不得随意丢弃，以防散毒及污染场地。

（14）做好免疫接种记录，记录包括疫苗名称、免疫日期、舍别、栏别、猪的日龄、免疫头数、免疫剂量、疫苗性质、生产厂家、有效期、批号、接种人姓名等。每次做完免疫后，及时认真填写免疫接种记录。

第三章　猪常见传染病的防治

51. 猪瘟的流行特点有哪些？

猪瘟是由黄病毒科瘟病毒属的猪瘟病毒引起猪的一种急性、热性、接触性的传染性疫病，俗称“烂肠瘟”。急性病例多呈败血症，内脏器官出血、坏死和梗死，慢性经过病例主要表现为纤维素性坏死性肠炎。

仅猪易感，病猪、愈后带毒猪和隐性感染猪是主要传染源，病猪通过多种途径传染给易感猪。一般由口鼻黏膜、结膜、生殖道黏膜及皮肤擦伤黏膜等感染，也可以垂直感染。被猪瘟病毒污染过的饮水、饲料、器械、工具及人、动物（包括吸血昆虫、蚯蚓、肺丝虫）等可成为传播媒介。

本病无明显的季节性，但以春、秋季严重，新疫区发病率和死亡率均很高，老疫区则均较低。因猪群有一定的免疫性，免疫母猪新产仔猪 1 月龄以内很少发病；具有高度的传染性，猪群中引进外表健康的感染猪是本病暴发的主要原因，常继发巴氏杆菌病、副伤寒等病。

52. 猪瘟的临床症状有哪些？

本病临床分为最急性型、急性型、亚急性型、慢性型、温和型和迟发型。

（1）最急性型：病程 1~3 d。突然发病，高热稽留，体温高达 41 ℃以上，全身痉挛，四肢抽搐，腹部皮肤及黏膜发绀，有细小的出血点。

（2）急性型：病程 3~5 d。病猪体温 40~41 ℃或更高，稽留，畏寒；精神沉郁，两眼无神，嗜睡，无力，行动迟缓，摇摆不稳，发抖。初期结膜潮红，后期苍白，眼有多量黏液或脓性分泌物，后呈褐色而黏着双眼。体温升高时先便秘，粪便干燥呈小球状，带有灰白色或因带血而呈深褐色，后腹泻，排灰黑色、灰白色或黄绿色带有恶臭的稀粪，有时出现呕吐。鼻端、耳、四肢、腹下、会阴等处有许多出血斑点。公猪包皮积尿，用手挤压时，流出混浊、恶臭的白色液体。仔猪和断奶后的育肥猪出现磨牙、运动障碍及痉挛、后躯麻痹等神经症状。

（3）亚急性型：病程 21~30 d。症状与急性型相似，体温先升高后下降，然后再升高，直至死亡。口腔黏膜发炎，扁桃体肿胀伴有溃疡，舌、唇和齿龈也可见到溃疡，耳、四肢、腹下、会阴等处有许多出血斑点，部分病例的皮肤上出现坏死和痘样疹。先便秘后腹泻，消瘦，行走摇晃，后躯无力，站立困难，未死的病猪转为慢性型。

（4）慢性型：病程 30 d 以上。病猪体温时高时低，全身衰弱，精神不振，消瘦，贫血，常伏卧，行走无力，咳嗽，食欲时好时差，便秘与腹泻交替。有时皮肤出现紫斑或结痂。耐过猪生长发育减缓，一般称为僵猪。

（5）温和型：由低毒株引起的混合型猪瘟，又称为“非典型猪瘟”“无名高热”，主要引起幼猪死亡，临床症状和病理变化不典型，发病率和病死率均低。皮肤很少有出血点，体温一般 40~41 ℃，少数 41 ℃以上，鼻干，口渴，食欲减退，尿黄。便秘呈长期性，粪便混有血液、黏液或假膜。病猪四肢及腹下呈瘀血斑，称为“紫斑蹄”“紫斑症”，耳朵、尾巴干枯，甚至坏死、脱落，称为“干耳病”“干尾巴”。病猪发育停滞，后肢瘫痪，行站不稳，部分猪跗关节肿大。

非典型病猪通过易感猪传代后，毒力增强，则引起典型猪瘟临诊症状与病理变化。

（6）迟发型：迟发型也称为繁殖障碍型。母猪妊娠时感染低毒，导致流产、早产、死胎、木乃伊胎、畸形胎，产下弱仔和颤抖的仔猪，也可产下貌似健康的但含有高水平的病毒血症的仔猪并长期带毒。病猪精神沉郁，食欲不振，出现结膜炎、皮炎、下痢和运动障碍等。

53. 猪瘟的病理变化有哪些？

根据病理变化的特点不同分为败血型、胸型、肠型和混合型，全身性出血、纤维素性肺炎和纤维素性坏死性肠炎的形成是诊断本病的关键病变特征。

颈部、腹部、腹股沟部及四肢内侧最初局部充血和有鲜红色点状出血，紧接着红色加深，出血点相互融合呈斑状块或片状；病程较长时，出血斑点转化为暗红色出血斑；有的出现皮肤坏死，形成黑褐色的小结痂。

肾脏稍肿大，色泽变淡，表面有数量不等的针尖大小的出血点，呈现“麻雀蛋”外观。切面皮质和髓质均有针尖大至粟粒大的出血点，肾椎体和肾盂黏膜常有多量出血点。

全身性出血性淋巴结炎。淋巴结严重出血，肿大，呈暗红色，切面多汁，隆突，边缘髓质呈鲜红色或暗红色，围绕淋巴结中央的皮质并向皮质内伸展，以至于出血的髓质和不出血的皮质镶嵌形成大理石样花纹。

脾脏一般不肿大或轻度肿胀，脾脏边缘有大小和数量不等的出血性坏死灶（即脾脏边缘梗死），稍突出，紫黑色（猪瘟所特有）。

黏膜、浆膜和器官出血明显，包括消化道、呼吸道、泌尿生殖道及心包膜、胸膜、腹膜等。尤其以喉头和膀胱、肾脏乳头、肾盂、输尿管黏膜出血常见。

纤维素性坏死性肠炎是肠型猪瘟的主要病理变化，多发生于慢性猪瘟。病变一般见于回肠末端、盲肠、结肠。炎症从淋巴滤泡开始，向外发展，形成纽扣状肿（坏死），褐色或黑色，中央低陷，突出黏膜面，同心轮层状，有的脱落，是原发猪瘟又继发沙门菌感染而致。

纤维素性肺炎是胸型猪瘟的病理变化特征，多由败血症转化而来，是机体抵抗力下降继发巴氏杆菌病所致，还有巴氏杆菌病的典型的出血性纤维素性胸膜肺炎和纤维素性心包炎等。

病母猪所产死胎全身水肿，头、肩、前肢状似水牛，胸腹水增多，头、四肢畸形。小脑、肺发育不全，肝有坏死灶，表皮出血；所产弱仔死亡后可见内脏器官和皮肤出血，胸腺萎缩，淋巴结肿大。

肝脏瘀血、出血、变性，胆囊膨大，充满黄红色的胆汁，黏膜肿胀，上皮细胞坏死，大片脱落形成溃疡，脑实质有时出血，等等。

54. 猪瘟如何防治?

（1）疫苗接种是预防猪瘟发生的重要措施，加强饲养管理，做好消毒工作，提高猪群的免疫水平；坚决淘汰带毒的母猪，病猪污染的场地、用具和工作人员都应严格消毒，防止病毒扩散。可疑病猪予以隔离；对疫区内的假定健康猪和受威胁区的猪，立即注射猪瘟兔化弱毒疫苗，剂量可增至常规量的6~8倍。

（2）治宜抗病毒消炎、提高机体免疫力。干扰素、免疫球蛋白、转移因子、脾脏水解粉/水解液、胸腺肽、酵母免疫蛋白等配合治疗，辅以中药制剂。

方案1. 抗猪瘟血清25 mL、庆大小诺霉素注射液16万~32万IU，一次肌内或静脉注射，每天1次，连用2~3次。在猪尚未出现腹泻时应用本方可获一定疗效。

方案2. ①鸡新城疫Ⅰ苗50~100羽份，用生理盐水稀释后后海穴一次注射，连续1~2次。②新鲜鸡蛋清10~20 mL，一次肌内注射。③黄芪多糖注射液3~5 mL，一次肌内注射，每天2次，连续3 d。④链霉素200万IU，用适量注射用水稀释后一次肌内注射，每天2次，连续3 d。

方案3. 猪瘟兔化弱毒疫苗5~10头份、黄芪多糖注射液5~10 mL，一次交巢穴注射，隔天1次，连用2次。

方案4. 中药制剂治疗。

【处方1】白虎汤加减（用于发病早期）：生石膏40 g（先煎），板蓝根、玄参、知母、炒枳壳各20 g，生山栀、金银花、生甘草各

10 g，大黄（后下）、鲜竹叶各 30 g，水煎去渣，候温灌服，每天 1 剂，连服 2~3 剂。

【处方 2】生石膏、知母各 30 g，金银花、蒲公英各 25 g，枳壳、玄参各 14 g，桔梗、车前子、麦冬各 16 g，荆芥、生地黄、薄荷各 7 g，甘草 10 g，连翘 13 g。共为细末，分 2 次冲服，每天 1 剂（用于发病早期温和型猪瘟）。

【处方 3】生石膏 50 g，芒硝 30 g，大青叶、板蓝根各 40 g，黄连、黄芩各 15 g，连翘、大黄各 20 g，生地黄、玄参各 25 g，甘草 10 g。将生石膏研成极细末与芒硝混合，其他药水煎 2 次，去渣，趁热加入石膏、芒硝，候凉，体重 50 kg 以上猪一次灌服，20~49 kg 猪用量减半，20 kg 以下猪用量为 1/3。有清热解毒、滋阴凉血之功效。出现食欲后剂量减至 1/3，粪便正常后去大黄、芒硝。

【处方 4】黄连解毒汤加减：黄连、地榆各 5 g，黄柏、连翘、茯苓、炒栀子、生甘草、白芍、知母各 10 g，黄芩、大黄各 15 g，金银花、炒枳壳各 20 g，生石膏 30 g，水煎去渣，供 25 kg 猪分 2 次候温灌服，每天 1 剂，连服 2~3 剂。配合西药治疗和抗猪瘟血清使用。病初结合针刺山根、尾尖效果更好。

55. 什么是非洲猪瘟?

非洲猪瘟是由非洲猪瘟病毒引起猪的一种急性热性高度接触性传染病。世界动物卫生组织（OIE）将其列为法定报告动物疫病，该病也是我国重点防范的一类动物疫病。其特征是发病过程短，最急性和急性感染死亡率高达 100%，临床表现为发热（达 40~42 ℃），心跳加快，呼吸困难，部分咳嗽，眼、鼻有浆液性或黏液性脓性分泌物，皮肤发绀，淋巴结、肾、胃肠黏膜明显出血。非洲猪瘟临床症状与猪瘟症状相似，只能依靠实验室监测确诊。

56. 非洲猪瘟的流行特点有哪些?

猪是非洲猪瘟病毒唯一的自然宿主，各品种及各不同年龄的猪均易感，发病率和死亡率最高可达 100%，带毒猪及其猪肉制品等是主要的传染源，主要经消化道感染，即猪因采食了被污染的饲料、饮水或接触到被病毒污染的饲养用具、猪舍等而感染。

非洲猪瘟病毒是唯一的虫媒 DNA 病毒，猪虱、隐喙蜱和钝缘蜱等几种软蜱是本病毒的贮藏宿主和媒介，猪群一旦感染病毒，发病率高，传染速度极快，死亡率高。

非洲猪瘟跨国境传入的途径主要有四类：一是生猪及其产品国际贸易和走私；二是国际旅客携带的猪肉及其产品；三是国际运输工具上的餐厨剩余物；四是野猪迁徙。

57. 非洲猪瘟的临床症状有哪些？

本病的潜伏期差异很大，自然感染潜伏期 3~5 d，长者可达 19 d。

（1）最急性非洲猪瘟：无症状，突然死亡。

（2）急性非洲猪瘟：体温升高，可达 40~42 ℃，维持高热 48 h 后体温下降，精神高度沉郁，厌食，共济失调，呼吸困难，部分出现咳嗽，鼻有浆液性或黏液性脓性分泌物，皮肤发绀和出血，偶尔出现腹泻和呕吐，发病 7~10 d 内出现死亡。

（3）亚急性和慢性非洲猪瘟：多呈散发。病猪呼吸困难，流鼻液，咳嗽；皮肤瘀血，可见陈旧性的出血灶或风疹样结痂；部分猪躺在舍角，不愿运动，消瘦，带血下痢；母猪流产等。

58. 非洲猪瘟的病理变化有哪些？

最急性型和急性型主要表现为消化道与内脏器官的广泛性出血和淋巴组织破坏，常见于脾、淋巴结、心和肾等。脾脏肿大，呈深紫黑色，出血梗死；心包液增多，有胸水和腹水；淋巴结出血，切面呈大理石状；肾脂肪囊及肾表面有点状出血，严重时肾脏表面布满出血斑点，犹如猪瘟“麻雀蛋”肾，肾脏皮质和肾盂的切面有出血点。

亚急性和慢性非洲猪瘟病变轻微，可见浆液性纤维素性心外膜炎；心包积液混浊且含有纤维素性团块；胸腔积有大量淡黄色液体；肺炎等。

59. 非洲猪瘟如何防治?

(1) 生物安全防控是防控非洲猪瘟的关键。应减少场外人员和车辆进入猪场，对人员和车辆入场前彻底消毒。此外，对猪群实施全进全出饲养管理，对新引进生猪实施隔离，并按规定申报检疫。在饲养场内加强巡查、检测和排查工作，及时发现异常猪并进行处理。

(2) 加强饲养管理，定期消毒猪舍、猪槽、通风口等，杀灭病原体，定期清理猪舍，保持猪舍的干净卫生，做好通风工作，避免猪舍潮湿等。

(3) 严控引种，尽量避免从外引入猪，要从正规渠道购买健康的种猪和仔猪。

(4) 发现病猪，应及时上报有关部门，对发病猪及时进行无害化处理，防止病毒的传播。

60. 猪口蹄疫的流行特点有哪些?

猪口蹄疫是由口蹄疫病毒引起的猪以口、蹄部出现水疱性病症为特征的传染性疫病，其特点为发病急、传播迅速。国际动物卫生组织（OIE）将其列为 A 类动物疫病，我国将其列为一类动物传染病。

病猪和带毒猪是主要传染源，发病动物的水疱液、水疱皮、奶、尿、唾液及粪便中都含有病毒，特别是水疱皮和水疱液中含有的病毒数量最多。可通过直接接触和间接接触传播，其中间接接触传播更为重要，经消化道、呼吸道和损伤的皮肤、黏膜都可感染，被病原污染的用具、饲料、垫草、运输工具、肉及制品、空气都可以充当传播媒介，此外，人的传播作用也是不可忽视的。偶蹄目多发，多见于猪、牛；哺乳仔猪发病率高，死亡率达 60%~80%。

本病传播迅速，流行猛烈，常呈流行性发生。发病率很高，病死率一般不超过 5%。多发生于冬季，到夏季往往自然平息。

61. 猪口蹄疫的诊断要点有哪些?

猪感染后潜伏期 1~2 d，主要以蹄部水疱为特征。

病猪体温升高，可达 40~41 ℃，精神沉郁，食欲减少或废绝；蹄冠、蹄叉、蹄踵等部出现局部皮肤发红、微热、敏感等症状，不久逐渐形成米粒大至蚕豆大的水疱，水疱破裂后表面出血，形成糜烂，1 周左右康复。

哺乳仔猪多呈急性胃肠炎和心肌炎，突然死亡，死亡率达 60%~80%。

如有继发感染，严重时影响蹄叶，蹄匣脱落。患肢不能着地，常跛行或卧地不起。

本病以口腔黏膜、蹄部及乳房等部位皮肤发生水疱和溃烂为病理特征。口腔黏膜、鼻镜、乳房也常见到烂斑；咽喉、气管、支气管和前胃黏膜有时可见到圆形烂斑和溃疡，真胃和肠黏膜可见出血性炎症；心包膜有弥散性及点状出血，心肌松软，心肌切面有灰白色或灰黄色条纹和斑点，似老虎皮上的斑纹，故称“虎斑心”。

62. 猪口蹄疫如何防治?

(1) 疫苗接种是预防猪口蹄疫发生的重要措施，康复血清或高免血清用于疫区和受威胁区猪群，可控制疫情和保护仔猪。加强饲养管理，保持圈舍卫生，经常进行消毒，平时减少机体的应激反应。非疫区严禁从发生过本病的国家或地区购进猪及其产品，饲料、生物制品等来自非疫区的动物及其产品也应进行检疫。检出阳性猪时，销毁处理，运载车辆、动物废料等污染器物就地消毒。

(2) 猪群发生口蹄疫时，应立即上报疫情，确定诊断，划定疫点、疫区和受威胁区，实施隔离区封锁措施。对疫区和受威胁区未发病动物进行紧急疫苗接种，并按“早、快、严、小”的原则，立即采取封锁、隔离、检疫、消毒等措施。

(3) 治宜抗病毒，局部消炎，可配合干扰素、免疫球蛋白、转移因子、脾脏水解粉/水解液、胸腺肽、酵母免疫蛋白及抗病毒中药治疗。

方案1. ①抗口蹄疫血清25 mL，一次肌内或静脉注射，按每1 kg体重0.5 mL用药。②0.1%高锰酸钾溶液适量，碘甘油或1%~2%龙胆紫溶液适量，先以0.1%高锰酸钾溶液冲洗患部，然后涂碘甘油或龙胆紫溶液。

方案2. 冰硼散加减：冰片、儿茶、硼砂、黄连、明矾各等份，患部以消毒水洗净后，研末撒布。

方案3. 中药制剂治疗。

【处方1】贯众散：贯众、山豆根各15 g，桔梗、连翘、大黄各12 g，赤芍、生地黄、花粉、荆芥、木通、甘草各9 g，绿豆30 g。粉碎成末加100 g蜂蜜为药引，开水冲服，每日1剂，连用2~3剂。

【处方2】金银花、连翘、大黄、生地黄、甘草各20 g，花粉、山豆根、牛蒡子各15 g，蝉蜕10 g，黄连25 g，水煎2次，分2~3次内服，此药量为100头用量，可根据病情适当加减用量。

【处方3】验方疗法：①黄柏、诃子、青黛各25 g，研磨细末，加适量蜂蜜，装入袋中，衔在病猪的口腔中。对口蹄疫引起的口腔炎症和溃疡有效。②0.05%~0.1%的氢氧化钠溶液，冲洗口唇及蹄部，上午、下午各1次。

63. 猪水疱病的流行特点有哪些?

猪水疱病是由肠道病毒属猪水疱病病毒引起猪的一种急性接触性传染病，又称猪传染性水疱病，以蹄部、口部、鼻端和腹部、乳头周围皮肤和黏膜发生水疱为特征，流行性强，发病率高，症状上与口蹄疫极为相似。

不同品种、年龄的猪均可感染发病，其他动物不感染，人类有一定的易感性。

病猪和带毒猪的粪尿、鼻液、口腔分泌物、水疱皮、水疱液含有大量病毒，通过病猪与易感猪接触，病毒即可经损伤的皮肤、消化道等传入体内。首先是由于病猪、带毒猪及其肉制品的调入引起；其次是由于饲喂未经煮沸消毒的泔水和屠宰下脚料而引起；再次是经污染的车船、用具和饲养人员等传播。

病毒在粪便和腌肉中能存活较长时间，对消毒药的抵抗力也很强。

本病四季均可发生，在猪群高度集中、调运频繁的单位，如猪收购场和猪集散地的棚圈和猪场，传播较快，发病率很高，可达70%~80%，病死率很低。在分散饲养的情况下，很少引起流行。

64. 猪水疱病的临床症状有哪些？

自然感染潜伏期一般为2~5 d，有的延至7~8 d或更长，人工感染最短为36 h。根据病程可分为典型、温和型（亚急性型）和亚临床型（隐性型）。

（1）典型水疱病：其特征性的水疱常见于主趾和附趾的蹄冠上。

病初上皮苍白肿胀，在蹄冠和蹄踵的角质与皮肤接合处首先见到；36~48 h水疱明显凸出，里面充满水疱液，很快破裂，但有时可维持数天；水疱破溃后形成溃疡，真皮暴露，颜色鲜红，常常环绕蹄冠皮肤与蹄壳之间裂开，病变严重时蹄壳脱落。

病猪精神沉郁、食欲减退或停食，育肥猪显著掉膘。一般情况下，如无并发其他疾病者不引起死亡，初生仔猪可能死亡。病猪康复较快，病愈后2周创面可完全愈合，如蹄壳脱落，则需较长时间才能恢复。

病变部位因继发细菌感染而形成化脓性溃疡，因蹄部受到损害而出现跛行。有的猪呈犬坐式或躺卧，严重者跪地爬行。水疱也可见于鼻盘、舌、唇和母猪乳头上，仔猪多在鼻盘发生水疱，体温升高（40~42 ℃），水疱破裂后体温下降至正常。

（2）温和型（亚急性型）水疱病：少数猪出现水疱，疾病传播缓慢，症状轻微，不容易被察觉。

（3）亚临床型（隐性型）水疱病：猪感染后没有出现临床症状，但可产生较高滴度的中和抗体。水疱病发生后，少数猪发生中枢神经系统紊乱，表现向前冲、转圈运动，用鼻摩擦、咬啮猪舍用具，眼球转动，有时出现强直性痉挛。

65. 猪水疱病的病理变化有哪些？

特征性病理变化为蹄部、鼻盘、唇、舌面、乳房等处出现水疱，水疱破裂后，水疱皮脱落，暴露创面有出血和溃疡。个别病例猪心内膜上有条状出血斑，其他内脏和器官无肉眼可见的明显病理变化。

组织学病理变化为非化脓性脑膜炎和脑脊髓炎，大脑中部病理变化较背部严重，脑膜含有大量淋巴细胞，血管嵌边明显，多数为网状组织细胞，少数为淋巴细胞和嗜伊红细胞。脑灰质和白质出现软化病灶。

66. 猪水疱病如何防治？

（1）用猪水疱病高免血清和康复血清进行被动免疫有良好效果，免疫期达 1 个月以上，商品猪应用对控制疫情扩散、减少发病率会起到良好作用。灭活疫苗安全可靠，注射后 7～10 d 即可产生免疫力，保护率在 80%以上，免疫期在 4 个月以上。用水疱皮和仓鼠传代毒制成灭活苗有良好免疫效果，保护率为 75%～100%。

（2）防止病原由疫区向非疫区扩散是控制猪水疱病的重要措施，尤其应注意监督动物交易和转运的动物产品，运输时对交通工具应彻底消毒。

（3）加强检疫，在收购和调运时，应逐头进行检疫，一旦发现疫情应按照我国动物防疫法规中相关规定立即向主管部门报告，按“早、快、严、小”的原则，采取封锁、隔离、扑杀、销毁、消毒、无害化处理、紧急免疫接种等强制性措施。

（4）对疫区和受威胁区的猪可采用被动免疫或疫苗接种，实行定期免疫接种。

（5）病猪及屠宰猪肉、下脚料应严格实行无害化处理；环境及猪舍要进行严格消毒，常用于本病的消毒剂有过氧乙酸、复合酚和次氯酸钠等。

67. 猪痘的流行特点有哪些？

猪痘是由痘病毒引起猪的一种急性、热性、接触性传染病，又称猪天花，其特征是皮肤和黏膜上出现特殊的红斑、丘疹、脓疱和结痂。

病猪和康复猪是主要传染源，猪痘病毒只感染猪。以 4~6 周龄仔猪多发，断奶仔猪也敏感，成年猪有抵抗力，一般认为不能由猪直接传染给猪，主要通过损伤的皮肤传染，还可通过呼吸道、消化道感染，或由猪血虱、蚊、蝇等体外寄生虫传播。

本病多为良性经过，一般不引起猪死亡，病死率为 5%左右，如饲养管理不当或有继发感染，常使病死率增高，仔猪可达 10%以上。

猪舍潮湿污秽、卫生条件差、营养不良等时，猪痘的发病率会显著增加，尤其是在春季和秋季流行更为严重。

68. 猪痘的诊断要点有哪些？

本病潜伏期平均为 3~7 d，病程多为 10~15 d，以在皮肤和黏膜上产生丘疹和痘疹为临床特征，痘疹不发生于四肢下部，很少出现在唇部和口腔黏膜，多发生于腹下部、四肢内侧等。

病猪体温升高，精神萎靡，食欲不振，鼻、眼有浆液性分泌物。

痘疹开始为深红色的硬结节，突出于皮肤表面，略呈半球状，表面平整，迅速变成丘疹、水疱和脓疱，形成棕黄色痂块后脱落，遗留白色斑块而痊愈。

病理变化和临床症状基本相同，病情很严重的病猪往往伴发或继发全身痘疹或形成毛囊炎疖疹和痈肿。

69. 猪痘如何防治？

（1）加强饲养管理，搞好环境卫生，消灭猪血虱和蚊、蝇等，杀灭体外寄生虫，以防交叉感染，坚持全进全出，新购入生猪要隔离观察 1~2 周，防止引入病猪等。

（2）病猪及时隔离，对病猪污染的环境及设备要彻底消毒。治宜局部消炎，预防感染，可配合干扰素、免疫球蛋白、转移因子、脾脏水解粉/水解液、胸腺肽及抗病毒中药等；必要时可用康复期猪血清进行治疗。

方案 1. 0.1%高锰酸钾溶液适量、1%龙胆紫或碘甘油适量，先剥去痘痂，用 0.1%高锰酸钾溶液洗净患处，再涂擦龙胆紫或碘甘油；注射用青霉素钠 80 万~160 万 IU、注射用链霉素 100 万~200 万 IU、注射用水 5 mL，一次肌内注射，每天 2 次，连用 2~3 d。

方案 2. 中药制剂治疗。

【处方 1】枸杞根、忍冬藤各等份，水煎取汁服用并洗患处，每天 1 剂，连用 3 剂以上。对初期病例有效。

【处方 2】金钱草、野菊花、灰灰菜各 100 g，水煎取汁洗患处，每天 1 剂，连用 2~3 剂。

【处方 3】金银花、黄芩各 25 g，连翘 20 g，黄柏、栀子各 10 g，黄连 5 g，水煎取汁分 2 次喂服，每天 1 剂，连用 3 剂以上。对痘疱已成或破溃病例有效。同时用处方 2 外洗效果更好。

【处方 4】黄连 5 g，金银花、甘草各 25 g，粉碎成末后，分 2 次内服。

【处方 5】黄连、半夏、苍术各 5 g，紫苏、射干、五味子各 10 g，滑石、生石膏、生地黄、连翘、黄芩、玄参、元明粉各 15 g，粉碎成末后，分 2 次内服，每天早晚各 1 次，小猪减半。

【处方 6】知母、连翘、淡竹叶、野菊花、板蓝根、黄芩、紫草、玄参、赤芍、甘草、丹参各 8 g、生石膏 20 g，粉碎成末后，灌服或拌料 15~30 g/头。

【处方 7】板蓝根、黄芩、黄芪、黄柏、大黄各 10 g，鱼腥草 20 g，粉碎成末后，灌服或拌料 30~50g/头。

70. 猪流行性腹泻的流行特点有哪些?

猪流行性腹泻是由猪流行性腹泻病毒引起的一种猪的高度接触性肠道传染病，以呕吐、腹泻和食欲下降为特征。

病猪和带毒猪是主要的传染源，不同年龄、品种和性别的猪都

能被感染发病，哺乳猪和架子猪及育肥猪的发病率通常为100%，母猪为15%~90%，主要经消化道传染，也可经呼吸道传染，

仅发生于猪，各种年龄的猪都可感染发病，哺乳仔猪、生长猪或育肥猪的发病率很高，尤其是哺乳仔猪最为严重，母猪发病率差异较大。

该病毒对外界因素的抵抗力不强，一般碱性消毒药都有良好的消毒作用。该病多发生于寒冷季节，传播迅速，数日之内可波及全群，一般流行过程延续4~5周，可自然平息。从我国调查结果看，本病与猪传染性胃肠炎有30%~40%的混合感染。

71. 猪流行性腹泻的临床症状有哪些?

本病潜伏期一般2~4 d，最短的仅12 h，经口人工感染新生仔猪为15~30 h，育肥猪为2 d。存活猪腹泻一般持续4~14 d，从发病开始排毒期仅为7~10 d。

临床上以腹泻、呕吐和脱水为特征，与传染性胃肠炎相似，程度轻，传播慢，体温无变化。1周龄内仔猪在持续2~4 d腹泻后脱水死亡，若出生就感染则死亡率更高。

断奶仔猪、育肥猪和母猪发病率高，症状轻，常表现精神沉郁和厌食，持续腹泻2~7 d，后逐渐康复。

成年猪仅表现精神沉郁、呕吐、厌食等。

72. 猪流行性腹泻的病理变化有哪些?

病理变化表现在小肠。病死猪极度脱水，后躯粪便污染严重，小肠扩张、内充满黄色液体，小肠黏膜、肠系膜充血，肠系膜淋巴结水肿，小肠绒毛变短，重者绒毛萎缩甚至消失；胃内无内容物，或充满胆汁样的黄色液体。其他实质性器官无明显病理变化。

73. 猪流行性腹泻如何防治?

（1）免疫接种疫苗是预防本病的重要措施，平时加强饲养管理，控制人员和车辆流动，严格执行卫生消毒和隔离制度，采用全进全

出等系列生物安全措施。

（2）目前对猪流行性腹泻无特效药物可用，发病早期使用高免血清、卵黄抗体配合干扰素、转移因子、脾脏水解粉/水解液、酵母免疫蛋白、胸腺肽、免疫球蛋白等有一定的治疗作用，也可以采用针灸治疗。治宜对症疗法。

方案1. ①丁胺卡那霉素注射液60万~120万IU，一次肌内注射，每天2次，连用3~5 d。②氯化钠3.5 g、氯化钾1.5 g、碳酸氢钠2.5 g、葡萄糖20 g、温开水1 000 mL，混合后自由饮用。③诺氟沙星300 mg、次硝酸铋4 g、小苏打2 g，混合后一次喂服，每天2次，连用2~3 d。④高免血清10 mL，一次肌内注射，连用3~5 d。

方案2. 针灸：穴位为后三里、交巢、带脉，配蹄叉、百会等穴，针法为白针或血针。

74. 猪传染性胃肠炎的流行特点有哪些？

猪传染性胃肠炎是由猪传染性胃肠炎病毒引起猪的一种高度接触性消化道传染病，又称幼猪胃肠炎，临床以发热、呕吐、严重腹泻、脱水和2周龄以内仔猪高死亡率为特征，OIE将其列为B类动物疫病。

各种年龄的猪均有易感性，10日龄以内的仔猪发病率和病死率均很高，5周龄以上的猪很少死亡，断奶猪、育肥猪和成年猪的症状较轻，大多数能自然恢复。

病猪和带毒猪是主要传染源，病毒主要存在于空肠、十二指肠及回肠的黏膜，在鼻腔、气管、肺的黏膜及扁桃体、颌下及肠系膜淋巴结等处，从粪便、乳汁、鼻液中排出病毒。

传播途径多样，包括消化道、呼吸道、接触及蚊虫传播等。一旦有猪感染病毒，病毒会迅速在猪群中传播，导致全群猪在短时间内发病。尤其是哺乳仔猪，感染后12~24 h就可能出现呕吐和严重腹泻等症状，死亡率极高。

本病多发生于冬季，新疫区呈流行性发生，传播迅速，在1周内可散播到各年龄组的猪群；老疫区则呈地方流行性或间歇性发生，发病猪不多，10 日龄至 6 周龄仔猪容易得病，隐性感染率很高。

75. 猪传染性胃肠炎的临床症状有哪些？

本病潜伏期很短，一般为 12~72 h，传播迅速，数日内可蔓延全群，病程越短病死率越高。

仔猪突然发病，首先呕吐，继而发生频繁水样腹泻，粪便呈黄色、绿色或白色，常夹有未消化的乳汁，其特征是含有大量电解质、水分和脂肪，呈碱性。病猪极度口渴，明显脱水，体重迅速减少。10 日龄以内的仔猪多在 2~7 d 内死亡，如发病母猪泌乳量减少，仔猪得不到足够的优质乳汁，导致病情加剧，病死率增加，随着日龄的增长，病死率逐渐降低，病愈仔猪生长发育不良。

断乳仔猪、育肥猪和母猪的症状轻重不一，通常只有一天至数天出现食欲不振或废绝。偶有呕吐，出现灰色、褐色水样腹泻，呈喷射状，5~8 d 腹泻停止而康复，极少死亡。某些哺乳母猪与病仔猪密切接触，反复感染，临床症状较重，体温升高，泌乳停止，呕吐和腹泻；但也有些哺乳母猪与病仔猪接触，而本身并无临床症状。

76. 猪传染性胃肠炎的病理变化有哪些？

特征性病变为轻重程度不一的卡他性胃肠炎。

尸体消瘦，脱水；小肠内容物呈泡沫状，充满黄绿色或灰白色肠液及未消化的乳块，肠壁弹性下降，管壁变薄，呈透明或半透明状，肠系膜淋巴结肿胀。

哺乳仔猪胃常胀满，内充满未消化的具酸臭味的白色凝乳块，胃横膈膜憩室部黏膜下有出血斑，胃底部黏膜充血或不同程度的出血。

77. 猪传染性胃肠炎如何防治？

（1）疫苗接种是预防猪传染性胃肠炎的重要手段，平时加强饲养管理，搞好环境卫生，严格消毒，做好通风的同时，注意防寒保暖。坚持自繁自养和全进全出制，严禁从疫区或病猪场引进猪；需要引进猪时，做好检疫、隔离和观察，防止隐性感染猪进场，防止犬、猫等动物进入猪舍而带入本病。发病后紧急处理，对猪舍、环境、用具、运输工具等严格消毒，隔离发病猪，对未发病猪实施紧急接种等。

（2）病猪采用对症补液治疗，适当停食或减食，并及时补液，以缓解病情，对于不能饮水的病猪，采用静脉注射或腹腔注射的方式给予治疗药物，病猪可注射抗传染性胃肠炎血清，配合干扰素、转移因子、脾脏水解粉/水解液、酵母免疫蛋白、胸腺肽、免疫球蛋白等效果更佳。中药治疗以清热解毒、燥湿止泻、辛温散寒的方剂为主，可以参考传染性胃肠炎处方，还可以采用以下处方。

方案1. ① 0.1%高锰酸钾溶液200 mL，一次喂服，按每1 kg体重4 mL用药。②痢菌净1 g，一次肌内注射，按每1 kg体重20 mg用药，每天2次；内服剂量加倍。

方案2. ①硫酸庆大小诺霉素注射液16万~32万IU、25%葡萄糖注射液50~100 mL，一次静脉注射。②山莨菪碱10 mg、5%维生素B_1注射液1 mL，一次两侧后三里穴注射，每天1次，连用3 d。

方案3. 红糖120 g，生姜、茶叶各30 g，水煎一次灌服。

方案4. ①鸡新城疫Ⅰ苗50~100羽份，用生理盐水稀释后后海穴一次注射，连续1~2次。②抗传染性胃肠炎血清5 mL，按每1 kg体重1 mL肌内或皮下一次注射。

方案5. 中药制剂治疗。

【处方1】黄连、三棵针、苦参各40 g、胡黄连、白头翁各40 g，地榆炭、棕榈炭、诃子、大黄、白芍、乌梅、车前子、甘草各30 g，研末，分6次灌服，每天3次，连用2 d以上。

【处方2】黄连、黄芩各100 g，板蓝根、生地黄各300 g，黄柏700 g。水煎去渣，候温，体重100 kg的猪一次灌服，每天1次，连用3 d。有清热燥湿、凉血解毒之功效。用本方配合基因工程干扰素肌内注射，5%碳酸氢钠、5%葡萄糖生理盐水静脉注射，口服补液盐，治疗仔猪传染性胃肠炎与水肿病混合感染有效。

【处方3】黄连、黄柏、秦皮、地榆（炒炭）、厚朴、白术各

100 g，白头翁、山楂各 200 g，青皮、莱菔子、藿香、仙鹤草、诃子各 150 g，甘草 50 g。水煎 2 次，合并煎液，每次灌服 50 mL，每天 1 次，病重猪每天灌服 2 次，连用 5 d。有清热燥湿、健脾止泻之功效。用本方配合西药（口服补液盐按比例兑水，让猪自由饮服，连用 5 d；维生素 K_3，每头 2 mL，肌内注射，每天 1 次，连用 5 d）治疗猪传染性胃肠炎 54 头，均治愈。

【处方 4】板蓝根 150 g，黄芩 100 g，半夏、黄连各 50 g，栀子、枳壳各 70 g，罂粟壳 20 g，甘草 30 g。水煎 2 次，合并滤液（约 600 mL），30 日龄以内仔猪每头灌服 10～20 mL，30 日龄以上者灌服 20～30 mL，每天 1～2 次，连用 2～3 d。有清热解毒、燥湿止泻之功效。用本方配合西药（0.1%高锰酸钾自由饮服；注射氨苄青霉素、安乃近、硫酸卡那霉素、山莨菪碱），治疗病猪 243 例，治愈 228 例，治愈率达 93.8%。

78. 猪轮状病毒病的流行特点有哪些？

猪轮状病毒病是由猪轮状病毒引起的一种急性肠道传染病，主要发生于仔猪，以厌食、下痢、呕吐、脱水为特征，育肥猪和成年猪为亚临床症状或隐性感染。

病猪、隐性感染猪和带菌猪是本病的传染源。7～41 日龄仔猪易感，尤其以 20 日龄前后的猪多见并出现严重临诊症状，7 日龄以前仔猪可能受母源抗体保护而不常感染，成年猪多呈隐性感染。因病毒主要存在于病猪及带毒猪的消化道，粪便排到外界环境中，污染饲料、饮水、垫料等经消化道传染易感猪，因此粪-口途径是本病的主要传播途径，现证实也可通过呼吸道传播和垂直传播。

本病呈地方流行性，一旦感染，很难根除，已证实轮状病毒感染是仔猪黄痢或白痢的重要病因。

79. 猪轮状病毒病的诊断要点有哪些？

本病潜伏期一般为 12～24 h，症状轻重决定于发病日龄、机体的免疫状态和环境条件因素。

发病时，同群的仔猪几乎同时发病，病初厌食，精神委顿，常有呕吐，继而腹泻，粪便呈水样或糊状，黄白色、灰色或黄绿色，含有不等量的絮状物，有腥臭味；腹泻可持续 4~8 d，甚至 10 d 以上；腹泻期间病猪发生脱水，2~5 d 可能出现死亡。

病理变化主要在胃肠道。胃壁弛缓、扩张、膨大，内充满凝乳块和乳汁。肠道臌气，内有大量的水分和絮状物，内容物呈灰黄色或灰黑色；肠管变薄，尤其小肠的后 1/2~2/3 处肠壁菲薄，半透明（只发生于腹泻 24 h 内），有时可见弥漫性出血，肠系膜淋巴结肿大等。

80. 猪轮状病毒病如何防治?

（1）免疫接种是控制猪轮状病毒感染的有效手段，平时加强饲养管理，提高母猪和仔猪对外界的抵抗力，实施全进全出制，做好环境、猪舍、场地的定期消毒，搞好环境卫生，供应最优质饲料等是预防本病的重要措施，在疫区要做到新生仔猪及早吃到初乳，获得母源抗体，从而减少和减轻发病。

（2）本病目前尚无有效治疗方案。一般采取对症治疗，如使用收敛止泻剂、抗菌药物防止细菌性继发感染，静脉注射葡萄糖盐水和碳酸氢钠溶液以防止脱水和酸中毒，干扰素、转移因子、脾脏水解粉/水解液、酵母免疫蛋白、胸腺肽、免疫球蛋白等抗病毒，一般可获得良好的效果。

方案 1. 硫酸庆大小诺霉素注射液 16 万~32 万 IU、地塞米松注射液 2~4 mg，一次肌内或后海穴注射，每天 1 次，连用 2~3 d。

方案 2. 葡萄糖 43. 2 g、氯化钠 9. 2 g、甘氨酸 6. 6 g、柠檬酸 0. 52 g、枸橼酸钾 0. 13 g、无水磷酸钾 4. 35 g、水 2 000 mL。混匀后供猪自由饮用。必要时可静脉注射葡萄糖生理盐水及碳酸氢钠以防止脱水及酸中毒，投服收敛止泻剂。

81. 猪乙型脑炎的流行特点有哪些?

猪乙型脑炎是由日本乙型脑炎病毒引起的一种蚊媒性人畜共患

病，又名流行性乙型脑炎，主要以母猪流产、死胎和公猪睾丸炎为特征。

不同年龄、性别和品种的猪都可感染发病，主要侵害母猪、种公猪和仔猪，人和马、牛、羊、狗等动物也有不同的易感性，但多为隐性感染，许多动物感染后均可成为本病的传染源。

猪的发病年龄多在6月龄左右，主要通过蚊子的叮咬进行传播。蚊子感染乙脑病毒后，可终生带毒，病毒可在其体内增殖，并随蚊子越冬，成为次年感染猪的传染源。

病毒主要存在于中枢神经系统、脑脊髓液和血液中，对热和日光的抵抗力不强，常用的消毒药如2%氢氧化钠、3%来苏儿可很快将其杀死。

本病以蚊为媒介而传播，所以本病的发生有严格的季节性，天气炎热的7~9月发生最多，随着天气转凉，蚊虫减少，发病随之减少。

本病呈散发，隐性感染者甚多，不论有无症状，只在感染初期（病毒血症阶段）有传染性。

82. 猪乙型脑炎的临床症状有哪些？

本病人工感染的潜伏期为3~4 d，猪一般呈散发型，隐性病例居多。

常突然发病，体温升高达40~41 ℃，呈稽留热，精神沉郁，嗜睡，食欲减退，饮欲增加；粪便干硬附有灰白色黏液，呈球状，尿呈深黄色。有的猪后肢轻度麻痹，步态不稳，或后肢关节肿胀疼痛而跛行。

部分病仔猪出现神经症状，如乱冲乱撞，摆头，后肢麻痹，步行踉跄，最后倒地不起而死亡。

妊娠母猪常不呈现明显的症状，在妊娠后期突然发生流产，有的超过预产期也不分娩，胎儿长期滞留，特别是初产母猪常见到此现象。流产后症状减轻，体温、食欲恢复正常。少数母猪流产后从阴道流出红褐色乃至灰褐色黏液，胎衣不下。母猪流产后对继续繁殖无影响。

流产胎儿多为死胎或木乃伊胎，或为弱仔，同一胎胎儿大小差异显著。有的生后出现神经症状，全身痉挛，倒地不起，1～3 d死亡。

公猪除有上述一般症状外，常发生睾丸炎，睾丸明显肿大，较正常睾丸大半倍到 1 倍，病猪的阴囊发热，触压发硬，有痛感，3 d后肿胀消退，逐渐萎缩变硬，丧失配种能力。

83. 猪乙型脑炎的病理变化有哪些？

病理变化主要表现在脑、脊髓、子宫、睾丸等。脑膜及实质水肿、充血、出血；脑脊髓液增多，黄色透明，有时混浊；全身皮下水肿，胸、腹腔及心包积液，心内外膜有点状出血，实质器官有小点状出血。

流产母猪子宫内膜充血、水肿，黏膜有少量小点状出血点，并附有黏稠的分泌物，死胎有皮下水肿和胶样浸润，脑内积液。胎儿大小不等，有的呈木乃伊化，全身肌肉褪色，似煮肉样。

睾丸肿胀，实质充血、出血，切面可见有颗粒状的小坏死灶，最明显的变化是楔状或斑点状出血和坏死，鞘膜和白膜间有积液。慢性病例阴囊与睾丸粘连。

84. 猪乙型脑炎如何防治？

（1）疫苗免疫是预防本病最有效的措施。平时加强日常管理，控制传播媒介，以灭蚊、防蚊为主，对猪舍定期进行喷药灭蚊，定期打扫养殖场内的环境卫生，每周消毒 2～3 次，及时清理养殖场内的粪便和污水，粪便要堆积发酵。

（2）立即隔离病猪，封锁猪圈进行消毒，对发病猪及病死猪进行无害化处理，杜绝传染源。本病无特效药，采取对症治疗，如退热药解除发热症状，磺胺类药物或者抗生素防继发感染，干扰素、转移因子、脾脏水解粉/水解液、酵母免疫蛋白、胸腺肽、免疫球蛋白及中药等抗病毒，可试用以下处方。

方案1. ①康复猪血清40 mL，一次肌内注射。②10%磺胺嘧啶钠注射液20~30 mL、25%葡萄糖注射液40~60 mL，一次静脉注射。③10%水合氯醛20 mL，一次静脉注射。注意不要漏出血管外。

方案2. 中药制剂治疗。

【处方1】生石膏、板蓝根各120 g，生地黄、紫草、连翘各30 g，黄芩20 g，大青叶60 g，水煎，一次灌服，每天1剂，连用3剂以上。

【处方2】生石膏80 g，大黄10 g，元明粉、板蓝根、生地黄、连翘各20 g，共研细末，开水冲服，日服2次，每天1剂，连用3~5 d。

方案3. 针灸：主穴为天门、脑俞、大椎、太阳、血印等，配穴为鼻梁、山根、涌泉、滴水等穴，针法为白针或血针。

85. 猪伪狂犬病的流行特点有哪些?

猪伪狂犬病是由伪狂犬病病毒引起多种动物共患的传染病，又称阿氏病，临床症状随感染猪日龄的不同而有差异，仔猪常发生高热、抑郁、食欲废绝、呼吸困难、流延、震颤等症，紧接着出现中枢神经系统障碍特征，最后死亡；成年猪呈隐性感染；妊娠母猪感染后出现流产、死胎等；母猪返情、屡配不孕或不发情；公猪常发生睾丸肿胀与萎缩等症。

所有猪均易感，哺乳仔猪最易感，15日龄内死亡率高达100%，断奶仔猪死亡率10%~20%，病猪和隐性感染猪及带毒鼠类是最主要的传染源，可经消化道、呼吸道及配种等感染，仔猪因吃感染猪的奶发病，怀孕猪感染后经胎盘感染胎儿。

病毒对低温、干燥的抵抗力较强，在污染的猪圈或干草上能存活1个多月，在肉中能存活5周以上，2%氢氧化钠液和3%来苏儿能很快杀死病毒。

本病一般呈地方流行性发生，多发生于冬、春两季。

86. 猪伪狂犬病的临床症状有哪些？

本病潜伏期为 3~6 d，少数达 10 d。

猪因年龄不同，发病后病状和死亡率有很大的不同，但多数不出现奇痒，部分猪初始症状只有顽固性腹泻，眼睑不一定水肿。

新生仔猪（2 周龄内）感染后表现为最急性型，死亡率达 100%，发热 41~42 ℃，呼吸困难，不食，大量流涎，间有呕吐，腹泻，精神高度沉郁，昏睡，病程不过 3 d。部分猪有神经症状，倒地抽搐。

断奶至 4 月龄猪症状似感冒，神经症状较少出现，极少数猪出现发热、咳嗽、便秘、呕吐、肌肉震颤、运动失调等。

成年猪一般为隐性感染，有些表现呼吸系统的临诊症状。

母猪表现为返情率高、屡配不孕或不发情。

妊娠母猪感染后主要出现流产、死胎、木乃伊胎；有的流产期推迟至 17 d；有的产下部分正常仔猪，有的生下弱仔表现吐泻，痉挛，角弓反张，很快死亡（24~36 h）。

公猪不育，常发生睾丸肿胀与萎缩等症。

87. 猪伪狂犬病的病理变化有哪些？

本病无特征性病理变化。病死猪猪皮下可见广泛的出血性水肿；肾脏针点状出血；若肝、脾有麻粒大灰白色坏死灶，确诊性更高；咽扁桃体有纤维素性出血性坏死性炎症；鼻腔黏膜呈卡他性或化脓性、出血性炎症，后鼻孔和咽喉黏膜面有纤维素性渗出物；肺瘀血、水肿；脑膜充血，脑脊髓液增量（出现神经症状时）；胃黏膜有卡他性炎症，胃底黏膜出血。流产胎儿、死胎和木乃伊胎大小不一等。

88. 猪伪狂犬病如何防治？

（1）伪狂犬病灭活疫苗免疫是预防本病的重要措施，严控引种，并采取净化措施，加强饲养管理，完善场内及周边灭鼠措施，避免饲养其他动物，禁止养犬等。

（2）定期对全群猪进行抽样检测，以监测伪狂犬野毒感染情况。对于检测出的阳性猪，应根据其种类和年龄采取相应的处理措施，阳性公猪应予以淘汰，阳性母猪应隔离并限制其繁殖，阳性仔猪则应进行隔离饲养并加强免疫。

（3）发病后，迅速对病猪进行隔离，对猪舍进行彻底清洗和消毒，使用头孢类等抗生素控制继发感染，注射高免血清或病愈猪血液及干扰素、转移因子等，有一定的效果，可降低死亡率；一旦出现典型特征时，立即扑杀病猪并采取紧急接种等措施。

89. 猪圆环病毒病的流行特点有哪些？

猪圆环病毒病由猪圆环病毒2型（PCV-2）感染引起。主要侵害哺乳仔猪和育肥猪。以病猪体质消瘦、皮肤苍白、黄疸、腹泻、呼吸困难、衰弱、死亡等为特征。与断奶仔猪多系统衰竭综合征关系密切。

各种年龄的猪均可感染，仔猪最易感，感染后发病严重，病猪、带毒母猪及育肥猪是主要传染源，消化道和呼吸道是主要传播途径，病毒随鼻液、粪便、尿液等排泄物污染饲料和饮水引起感染，也可经胎盘垂直感染，引起繁殖障碍。

猪圆环病毒病包含多种不同的类型，且暴发阶段也不同，如5~12周龄的仔猪主要发生断奶仔猪多系统衰竭综合征，特别是断奶前后的仔猪更容易发生；哺乳期至生长发育期的仔猪容易发生猪皮炎肾病综合征，且一般为散发，很少与断奶仔猪多系统衰竭综合征同时发生；哺乳期仔猪容易发生新生仔猪先天性震颤，处于生长期或者育肥期的猪极少发生该类型。

本病流行以散发为主，有时可呈现暴发，病程发展较缓慢，有时可持续12~18个月之久。饲养管理不良、饲养条件差、饲料质量低，环境恶劣、通风不良、饲养密度过大、不同日龄的猪混群饲养，以及各种应激因素的存在均可诱发本病，加重病情的发展，导致死亡率增加。

90. 猪圆环病毒病的临床症状有哪些？

与猪圆环病毒 2 型（PCV-2）感染有关的猪病主要有以下五种。

（1）仔猪断奶后多系统衰竭综合征。病猪表现为精神萎靡、食欲减退、发热、被毛粗乱、进行性消瘦、生长迟缓、呼吸困难、咳嗽、喘气、贫血、皮肤苍白、体表淋巴结肿大。有的皮肤与可视黏膜发黄、腹泻、胃溃疡、嗜睡。临床上约有 20%的病猪呈现贫血与黄疸症状，具有诊断意义。

（2）猪皮炎和肾病综合征。病猪发热、不食、消瘦、苍白、跛行、结膜炎、腹泻等。特征性症状是在会阴部、四肢、胸腹部及耳朵等处的皮肤上出现圆形或不规则形的红紫色斑点或斑块，斑块相互融合成条带状，不易消失。

（3）母猪繁殖障碍。发病母猪体温升高至 41～42 ℃，食欲减退，出现流产，产死胎、弱仔、木乃伊胎。病后母猪受胎率低或不孕，断奶前仔猪死亡率上升高达 11%。

（4）猪间质性肺炎。主要表现为猪呼吸道病综合征（PRDC），多见于保育期和育肥期的猪，病猪咳嗽、流鼻涕、呼吸加快、精神沉郁、食欲不振、生长缓慢等。

（5）仔猪先天性震颤。新生仔猪站立时震颤，由轻变重，卧下或睡觉时震颤消失，受外界刺激（如突然发生的噪声或寒冷等）时可以引发或加重震颤，严重时影响吃奶，以至死亡。如精心护理，多数仔猪 3 周内可恢复。

此外，在临床上还能见到与 PCV-2 相关的中枢神经系统疾病（CNS）、肠炎和关节炎等。这些情况多见于猪繁殖与呼吸综合征（PRRS）阳性猪场继发感染 PCV-2 所致。实践证明 PCV-2 与 PRRS 同时流行的猪场，其哺乳仔猪和育肥猪的死亡率明显高于单个感染的猪场。

91. 猪圆环病毒病的病理变化有哪些？

（1）仔猪断奶后多系统衰竭综合征：有间质性肺炎和黏液脓性支气管炎。肺脏肿胀，间质增宽，质坚硬似橡皮样，其上散在有大小不等的褐色实变区（间质性肺炎）。肝变硬、发暗。肾脏水肿，呈灰白色，皮质部有白色病灶。脾脏轻度肿胀，胃的食管区黏膜水肿，有大片溃疡形成。盲肠和结肠黏膜充血、出血。全身淋巴结肿大4~5倍，切面为灰黄色，出血。特别是腹股沟、纵隔、肺门和肠系膜与颌下淋巴结病变明显。如有继发感染则可见胸膜炎、腹膜炎、心包积水、心肌出血、心脏变形质地柔软。

（2）猪皮炎和肾病综合征：出血性坏死性皮炎和动脉炎、渗出性肾小球性肾炎和间质性肾炎。肾肿大、苍白，表面覆盖有出血小点。脾脏轻度肿大，有出血点。肝脏呈橘黄色外观。心脏肥大，心包积液。胸腔和腹腔积液，淋巴结肿大，切面苍白。胃溃疡。

（3）母猪繁殖障碍：母猪产死胎与木乃伊胎，新生仔猪胸腹部积水，心脏扩大、松弛、苍白，充血性心力衰竭。

（4）猪间质性肺炎：弥漫性间质性肺炎，呈灰红色，肺细胞增生，肺泡腔内有透明蛋白。细支气管上皮坏死。

92. 猪圆环病毒病如何防治？

（1）疫苗接种是预防本病的重要措施；严格实行全进全出制度，落实生物安全各项措施；加强饲养管理，保持猪舍清洁卫生，合理的温湿度，通风良好，降低氨气及有害气体的浓度；饲养密度要适中，不同日龄的猪分群饲养；定期消毒，粪尿发酵处理；减少各种应激因素，创造一个良好的饲养环境。

（2）种猪及外购仔猪要严格检疫，隔离观察，隔离饲养1个月后经检测无圆环病毒感染的健康猪方可进入生产区。

（3）发病后清除病猪，全群检疫，淘汰阳性猪。可采用干扰素、转移因子、脾脏水解粉/水解液、酵母免疫蛋白、胸腺肽、免疫球蛋白等配合中草药抗病毒制剂治疗。

方案1. ①注射用长效土霉素0.5 mL，一次肌内注射。哺乳仔猪分别在3、7、21日龄按每1 kg体重0.5 mL各注射1次。也可以选用长效多西环素注射液，剂量按照说明书使用。②强力霉素、泰妙菌素联合用药，拌入饲料中喂服。断奶前后仔猪按每1 kg体重用强力霉素150 mg、泰妙菌素50 mg；母猪产前、产后1周内用泰妙菌素100 mg。③黄芪多糖注射液10~20 mL，一次肌内注射，每天1次，连续2~3次。

方案2. 中药制剂治疗。

【处方1】石膏（先煎）120 g，水牛角60 g，生地黄、栀子、牡丹皮、黄芩、赤芍、玄参、知母、竹叶、甘草各30 g，黄连20 g，连翘、桔梗各25 g。水煎取汁，候温灌服，每天1剂，连续3~5 d。注：做好卫生消毒及猪瘟、猪伪狂犬病、细小病毒病、猪繁殖呼吸综合征、猪气喘病等的预防接种，防止链球菌、巴氏杆菌、支原体感染，减少应激。

【处方2】黄芪150 g，黄芩100 g，板蓝根、茵陈各20 g，党参、金银花、连翘各50 g，甘草25 g。水煎3次，合并滤液，按每1 kg体重1 mL灌服，每天1次，连用7 d。有清热燥湿，补气健脾之功效。用本方配合黄芪多糖混饲、多维葡萄糖粉混饮、干扰素加黄芪多糖注射，治疗猪圆环病毒病效果较好。

93. 猪细小病毒病的流行特点有哪些？

猪细小病毒病是由猪细小病毒引起猪的一种繁殖障碍病，又称猪繁殖障碍病，以怀孕母猪发生流产、死胎、产木乃伊胎为特征。

猪是已知的唯一易感动物，不同年龄、性别的家猪和野猪都可感染，经产母猪的阳性率高达80%~100%，初产母猪一般为60%~80%，后备猪为40%~80%，育肥猪为60%，公猪为30%~50%。病猪和带毒猪是传染源，一般经胎盘感染和交配感染，母猪、公猪、育肥猪也可以通过污染的饲料、环境，经呼吸道和消化道感染。

本病毒对外界环境的抵抗力很强，可在被污染的猪舍内生存数月之久，造成长期连续传播。

本病发生无季节性，传播相当广泛，呈散发或地方流行性。

94. 猪细小病毒病的诊断要点有哪些?

仔猪和母猪急性感染时通常无明显症状。

公猪性欲、母猪受精率无明显影响，但母猪发情周期不规律。

妊娠母猪感染时可同时出现流产、死胎、木乃伊胎、产后久配不孕等。

妊娠30 d内感染（早期），胚胎死亡、吸收使产仔数减少，胚胎死亡率高，危害大；妊娠30~70 d感染（中期），腹围变小，分娩后产下木乃伊胎，有时出现大小不一的软死胎、畸形胎（八字腿、唇裂），产弱仔、死胎；妊娠70 d以上感染（中后期），胎儿能产生免疫力，产出时外观正常，但这些仔猪带有病毒和抗体，可长期或终生带毒、排毒。

母猪正常分娩或延迟分娩，全程感染时产出大小不等的木乃伊胎、成型死胎，甚至出现弱仔。

母猪子宫内膜有轻微炎症，胎盘出现部分钙化现象，胎儿在子宫胎盘内有被溶解、吸收的现象。感染胎儿充血、水肿、出血、体腔积液、木乃伊化（脱水）及坏死等。

95. 猪细小病毒病如何防治?

（1）本病目前尚无特效治疗方法。预防措施主要为免疫接种、防止带毒猪进场，消除病猪、净化猪场，同时加强饲养管理，搞好猪舍卫生，环境、用具等做到定期消毒与临时消毒相结合，科学处理病死猪，并做好灭鼠工作。

（2）对于出现胎儿死亡、延时分娩或胎衣不下的病猪，应及时注射前列腺烯醇注射液引产，防止腐败胎儿或胎衣滞留子宫，子宫内应用长效抗生素，预防子宫内膜炎及不孕。

96. 猪繁殖与呼吸综合征的流行特点有哪些?

猪繁殖与呼吸综合征是由猪繁殖与呼吸综合征病毒引起的以繁

殖障碍和呼吸系统症状为特征的高度传染性疫病，又叫蓝耳病，临床以妊娠母猪流产、产死胎、弱胎、木乃伊胎及仔猪的呼吸困难和高死亡率为特征，特别是感染本病后容易导致免疫抑制而继发其他疾病。

本病只感染猪，各种品种、日龄的猪都可感染，母猪和仔猪最易感，仔猪感染后死亡率高达80%～100%。病猪和隐性感染猪是本病的主要传染源，病猪可通过尿、粪、鼻液、精液等排毒，多经接触传播，呼吸道接触感染是主要途径，也可经精液、胎盘传播，病猪排毒达60～99 d之久，易感猪可经口、鼻、肌肉、腹腔、子宫、接种等多种途径感染。

本病临床症状复杂化，发病程度日趋严重，亚临床感染日渐普遍，造成免疫功能障碍，混合感染呈持续上升趋势。本病和猪伪狂犬病、猪瘟、猪接触传染性胸膜肺炎等均发生混合感染。猪群一旦感染后，很难根除，大多数猪可长期带毒，一旦其他病原体入侵或免疫力下降时，均会暴发本病。

97. 猪繁殖与呼吸综合征的诊断要点有哪些？

母猪产前几天流产，发热（40～40.5 ℃），昏睡，无精神，食欲不振，耳部、阴门、尾巴、腹部、鼻端、臀部等处呈蓝紫色或正常，伴随呼吸困难（很少咳嗽）、结膜炎等。

流产胎儿大多数是死胎、木乃伊胎，大小差异不大，也会产弱仔，弱仔出现呼吸困难，多在24 h内死亡，有的弱仔发生腹泻、脱水、虚脱、死亡，耐过猪变为僵猪。

仔猪症状和母猪相同，常呼吸困难，腹式呼吸，体温升高至40～41 ℃，部分猪耳尖、腹部等处呈蓝紫色，皮毛粗糙，挤集一堆，眼眶水肿，结膜炎，也可见顽固性腹泻。

育肥猪临诊症状不明显，有时厌食和轻度呼吸困难，部分猪四肢末端、耳尖等处呈蓝紫色，生长缓慢。

公猪厌食，精液质量下降，精子运动力下降，畸形精液的数量增多和质量下降；母猪间情期延长或不孕，产后无乳，胎衣不下。

特征性病变为间质性肺炎，肺脏呈红褐色花斑状，淋巴结肿胀呈红褐色；心衰、心肌出血；肾表面和切面可见出血点；部分病例胃、肠黏膜出血；死胎胸腔内有大量清亮液体。

98. 猪繁殖与呼吸综合征如何防治？

（1）疫苗接种是预防本病的重要措施，加强饲养管理，做好综合防治措施，如消除传染源、切断传播途径，隔离、淘汰病猪和带毒猪，科学处理病死猪及污染物，对环境、猪舍、用具、场地严格消毒，保持猪舍空气流通良好，做好检疫和监测工作。发现疑似病猪，应立即进行隔离并采取相应的措施以防止病毒的进一步传播。

（2）发病后结合临床症状对症治疗，抗生素配合干扰素、转移因子、脾脏水解粉/水解液、酵母免疫蛋白、胸腺肽、免疫球蛋白及中草药抗病毒制剂治疗，猪群稳定，蓝耳病抗原可转阴。

方案 1. 泰万菌素 100 g、氟苯尼考 100 g 或强力霉素 200 g、酵母免疫蛋白 200 g，拌料 1 000 kg。

方案 2. 替米考星 200 g、氟苯尼考 100 g 或强力霉素 200 g、酵母免疫蛋白 200 g，拌料 1 000 kg。

方案 3. 中药制剂治疗。

【处方 1】金银花、知母、板蓝根、黄芩、野菊花各 12 g，生地黄、牡丹皮、玄参、赤芍、大黄、连翘各 10 g，生石膏 16 g，水牛角、鱼腥草、淡竹叶各 15 g。粉碎后拌料，每吨饲料添加本品 4 kg。

【处方 2】麻黄 25 g，（苦）杏仁 30 g，薏仁、柴胡、厚朴各 33 g，通草、甘草各 10 g，桂枝、干姜、蔻仁、半夏各 27 g，滑石、藿香各 15 g。粉碎后拌料，每吨饲料添加本品 4 kg。

【处方 3】杏仁、薏仁、蔻仁、鱼腥草各 12 g，半夏、厚朴、陈皮、桔梗、竹叶、茵陈各 9 g，滑石 15 g，通草 6 g，甘草 8 g。粉碎后拌料，每吨饲料添加本品 4 kg。

【处方 4】加味板蓝根散：板蓝根 30 g，柴胡 15 g，陈皮、连翘、生地黄、白芷各 10 g，黄芪 20 g。水煎 3 次，用胃管投服，体重 25 kg的猪一次投服，每天 1 剂，连用 14 d。

【处方 5】加味普济消毒饮：酒黄芩、酒黄连、柴胡、玄参各 15 g，生甘草、陈皮、桔梗、板蓝根、连翘各 10 g，薄荷、升麻、僵蚕、马勃、牛蒡子各 6 g。水煎，灌服，体重 30 kg 的猪早、晚各用 1 次，每天 1 剂，连用 3 d。

【处方 6】瘟清败毒饮：生石膏 30 g，生地黄、黄连、栀子各 20 g，黄芩、桔梗、知母、赤芍、玄参各 15 g，连翘、牡丹皮、淡竹叶、甘草各 10 g。水煎，每天 1 剂，体重 50 kg 的猪早、晚各 1 次灌服，连用 2～3 d。

99. 猪流行性感冒的流行特点有哪些?

猪流行性感冒（简称猪流感），是由甲型流感病毒感染猪而引起的一种急性高度接触性的呼吸道传染病，临床以发病突然、传播迅速、咳嗽、呼吸困难、发热、虚脱和迅速康复等为特征。

不同年龄、性别和品种的猪都易感，病猪和带毒猪是主要传染源，病愈后的猪可带毒 6～8 周，呼吸道是传播的主要途径。

猪流感呈流行性发生，在常发生本病的猪场可呈散发性。大多发生在天气骤变的晚秋和早春以及寒冷的冬季。一般发病率高，病死率却很低。如继发巴氏杆菌、肺炎链球菌等感染，则使病情加重。

100. 猪流行性感冒的临床症状有哪些?

本病潜伏期很短，从几小时到数天，自然平均发病为 4 d。

突然发病，传播速度快，体温突然升高到 40.5～41.7 ℃，精神委顿，不愿走动，食欲减退甚至废绝，咳嗽，眼和鼻流出黏性分泌物，有时鼻分泌物带有血色，结膜炎，有时眼睑水肿，耳根凉、耳尖热；严重病例可见呼吸困难、阵发性咳嗽，呼吸急促呈腹式呼吸。

猪流感病毒也可引起适龄母猪不孕，怀孕母猪发生流产，产死胎、弱胎和异常仔。

仔猪生后发育不良和死亡率高。

101. 猪流行性感冒的病理变化有哪些?

病理变化多数在心尖叶和心叶，严重时肺脏一半以上发生病变，病变部位与正常部位交界处界限明显，呈紫色硬结，尖叶、心叶和中间叶常为两侧性不规则的对称，也会出现间质性水肿，严重时可见纤维蛋白性胸膜炎等。

鼻、喉、气管和支气管黏膜出血，表面有大量泡沫状黏液，有时杂有血液；颈淋巴结和纵隔淋巴结肿大、充血、水肿，脾常轻度肿大，胃、肠有卡他性炎症。

102. 猪流行性感冒如何防治?

（1）主要依靠综合性防治措施进行控制，做好免疫接种（疫苗最好选用当地流行的毒株制备灭活苗）。平时做好饲养管理，提高猪群的抗病力，保持环境卫生、合适的温度，并做好通风，供应优质饲料和清洁的饮用水，减少各种应激，做好临时消毒与定期消毒相结合，发病后立即封锁猪场，隔离病猪，对症治疗，防止继发感染等。

（2）本病目前尚无特异性疗法，一般采用解热镇痛剂对症治疗，抗生素或磺胺类药物控制继发感染，配合中药制剂及干扰素、转移因子、脾脏水解粉/水解液、胸腺肽、免疫球蛋白及抗病毒中药制剂等治疗。

方案 1. ①硫酸卡那霉素注射液 60 万~120 万 IU、1%氨基比林注射液 5~10 mL，一次肌内注射，每天 2 次，连用 2~3 d。②板蓝根注射液 3~6 mL，一次肌内注射，每天 2 次，连用 3 d 以上。③磺胺嘧啶 3~6 g、碳酸氢钠 3~6 g，一次喂服，每天 2 次，连用 2~3 d。

方案 2. 中药制剂治疗。

【处方 1】柴胡、薄荷、防风、陈皮各 20 g，紫苏、茯苓、菊花各 15 g，水煎，一次喂服，每天 1 剂，连用 2~3 剂。

【处方 2】石膏 30 g，杏仁、甘草、薄荷各 15 g，桔梗、麻黄、板蓝根各 10 g，水煎服，每天 1 剂，连用 2~3 剂。

【处方3】野菊花30 g，金银花、一枝黄花各24 g，水煎取汁500 mL，一次喂服。

【处方4】荆芥、神曲、防风各30 g，羌活、独活、柴胡、前胡、茯苓、川芎各20 g，甘草10 g。水煎2次，分2次服用，每天1剂，或共为末，开水冲调，候温灌服，连用3～4 d。用本方治疗风寒型猪流感有效。风热型流感用金银花、连翘、黄芩等寒凉性药物组方。

【处方5】葛根400 g，升麻、陈皮、甘草、白芷、麻黄、紫苏、赤芍各200 g，细辛100 g，共研细末。体重50 kg猪每次25 g，加生姜5片，带须葱白3根，煎汁温服。

方案3. 针灸：①穴位为大椎、苏气、百会等穴，针法为水针，选择柴胡注射液或鱼腥草注射液或板蓝根注射液或清开灵等药液，每穴按肌内注射剂量的1/2注入。②穴位为山根、血印、尾尖、太阳、鼻梁、百会，配苏气、天门、后三里、交巢，针法为血针或白针。

103. 猪肺疫的流行特点有哪些？

猪肺疫是由多杀性巴氏杆菌引起的一种急性传染病，俗称“锁喉风”“肿脖瘟”。多呈急性或慢性经过，急性主要表现为败血症、咽喉部肿胀、高度呼吸困难等症状。

不同品种及年龄的猪都易感，仔猪的感染率和发病率较高，病猪及隐性感染猪是本病的主要传染源，经消化道和呼吸道传播，也可通过吸血昆虫和损伤的皮肤、黏膜传播。

本病以冷热交替、气候骤变、闷热、潮湿、多雨的时期发生较多，一般为散发，有时呈地方流行性，现在本病多与猪瘟、猪伪狂犬病、猪肺炎支原体病等混合感染或继发感染，造成病情加重。

104. 猪肺疫的临床症状有哪些？

潜伏期为1～5 d，临诊上一般分为最急性型、急性型和慢性型。

（1）最急性型：俗称“锁喉风”，病程1～2 d，病死率100%。

多在流行的初期发生，突然发病，迅速死亡。病程稍长的，体温升高可达 41~42 ℃，精神沉郁，食欲减退或废绝，全身衰弱。颈下咽喉部发热、红肿、坚硬，严重者蔓延到耳根和前胸。病猪呼吸极度困难，伸长头颈呼吸，常呈犬坐势，发出喘鸣声，口、鼻流出泡沫样的液体，可视黏膜发绀，腹侧、耳根和四肢内侧皮肤出现红斑，很快死亡。

（2）急性型：本类型最常见，以纤维素性胸膜肺炎为主，病程 5~8 d，耐过的转为慢性。病猪体温升高达 40~41 ℃，初发生痉挛性干咳，鼻腔流黏稠液体，呼吸困难；后变为湿咳，咳时感痛，触诊胸部有剧烈的疼痛。初便秘，后腹泻。病情严重后，呼吸更感困难，张口吐舌，呈犬坐势，可视黏膜蓝紫色，皮肤有紫斑或小出血点，但颈部红肿不明显。病猪消瘦无力，卧地不起，多因窒息而死。

（3）慢性型：病程多超过 2 周。病死率可达 60%~70%，多见于流行后期，表现为慢性肺炎和慢性胃肠炎症状。病猪精神沉郁，食欲下降，体温时高时低，持续性咳嗽，呼吸困难，口、鼻流少量的黏脓性分泌物。渐进性营养不良，极度消瘦，常有腹泻，有时有关节炎，皮肤湿疹，如不及时治疗，可衰竭死亡。

105. 猪肺疫的病理变化有哪些?

（1）最急性型：以败血症病变为主要特征。皮肤、皮下组织、各黏膜与浆膜有大量出血点；全身皮肤因心衰引起的瘀血而发绀，并有少量的出血点；咽喉部及其周围结缔组织呈出血性浆液性浸润；切开颈部皮肤时，可见大量胶冻样淡黄色或灰青色纤维素性浆液，有时水肿可蔓延至前肢；全身淋巴结肿大、出血，切面红色，尤其咽喉淋巴结最为明显；肺脏以充血、水肿为主，也可见到红色肝变期的变化；心外膜和心包膜有小出血点；脾脏不肿大，常有出血。胃肠黏膜有出血性卡他性炎症。病情严重时，肺表面有大量出血斑点和大片红色肝变期，切面湿润，间质增宽，从支气管断端流出较多的泡沫样流体。

（2）急性型：特征性病变是纤维素性肺炎。肺有不同程度的肝变区，周围常伴有水肿和气肿，病程长的在肝变区内还有大小不一的坏死灶，肺小叶间浆液浸润，切面呈大理石纹理；胸膜腔常有纤维素性附着物，严重的胸膜、心包与肺部粘连，胸腔及心包积液；胸腔淋巴结肿胀，切面多汁、发红；气管、支气管内含有大量泡沫状黏液，黏膜发炎。

（3）慢性型：慢性肺炎和慢性胃肠炎为主要病变。肺肝变区进一步扩大，在肝变区上有黄色或灰色坏死灶，外面有结缔组织包囊，内含干酪样物质，严重的形成空洞，与支气管相通；心包与胸腔积液，胸腔有纤维素性沉着，胸膜肥厚，常与病肺粘连；有时在肋间肌、支气管周围淋巴结、纵隔淋巴结及扁桃体、关节和皮下组织见有坏死灶。

106. 猪肺疫如何治疗？

选择与血清型相同或当地流行的菌株制成的疫苗进行免疫是预防本病的重要措施。

发现病猪及可疑病猪立即隔离治疗。治宜抗菌消炎，整群治疗采用抗微生物药联合用药，辅以中药制剂，拌料或饮水。

方案 1. ①抗血清 25 mL，一次皮下注射，按每 1 kg 体重 0.5 mL 用药；次日再注射一次。②丁胺卡那霉素注射液 60 万～120 万 IU，一次肌内注射，每天 2～3 次至愈。也可用链霉素或青霉素、杆菌肽、磺胺嘧啶钠注射液等治疗。

方案 2. 氟苯尼考注射液 30 mg/kg（以氟苯尼考计），肌内注射，每天 1 次。

方案 3. 10%磺胺嘧啶钠注射液 20～40 mL，一次肌内注射，每天 2 次，连用 3～5 d。

方案 4. 中药制剂治疗。

【处方】金银花、紫草各 30 g，连翘 24 g，射干 12 g，黄芩 9 g，麦冬、元明粉各 15 g，水煎分 2 次喂服，每天 1 剂，连用 2 d。

方案 5. 针灸：穴位为苏气、肺俞、大椎等穴，针法为白针或水针，分别按肌内注射剂量的 1/3 注入清开灵或双黄连注射液，或抗血清、青霉素、链霉素等药物，每天2次，连续3~5 d。

107. 猪传染性胸膜肺炎的流行特点有哪些?

猪传染性胸膜肺炎又称猪胸膜肺炎，是由胸膜肺炎放线杆菌所致的猪呼吸系统的一种严重的接触性传染病，以急性出血性纤维素性肺炎和慢性纤维素性坏死性胸膜炎为特征，其中急性型临床表现较高的死亡率。

各种年龄的猪均易感，以2~5月龄、体重30~60 kg的猪多发，病猪和带菌猪是传染源，猪场或猪群之间的传播多因引进或混入带菌猪或慢性感染猪而致，呼吸道感染是主要传播途径，通过猪对猪的直接接触或短距离的飞沫传播。

本病有明显的季节性，多在4~5月和9~11月发生。在饲养管理突变、转群、饲养密度过大、拥挤、气温急剧改变、相对湿度高和通风不良等应激因素存在时，可促进本病的发生和传播，再加上本病常继发其他疾病，致使发病率和死亡率升高。一般说大群比小群更易发生本病，老疫区的猪群发病率和病死率趋于稳定。

108. 猪传染性胸膜肺炎的临床症状有哪些?

（1）最急性型：多见于断奶仔猪，突然发病，病情严重。体温升高至41.5 ℃以上，精神沉郁，厌食，有短暂轻微腹泻和呕吐。开始呼吸临诊症状不明显，但心跳加快，发展为心脏衰竭；后期呼吸高度困难呈犬坐势，耳、鼻、腿及全身皮肤呈紫红色，死前从口和鼻孔流出带泡沫的血样渗出物，一般经24~36 h死亡。个别仔猪突然死亡，无症状。病死率高达80%~100%。

（2）急性型：病猪体温40.5 ℃以上，精神沉郁，食欲不振，咳嗽，呼吸困难，有时张口呼吸，多卧地不起呈犬坐势，全身皮肤瘀血呈暗红色，有的病猪从鼻孔流出泡沫样带血样的分泌物，常出现心脏衰竭。病程依据肺部病理变化和开始治疗时间而不同，可发生死亡，也可转为亚急性型或慢性型。

（3）亚急性型和慢性型：常由急性转化而来，体温不升高或略有升高，食欲下降，阵咳或间断性咳嗽，生长阻滞。病程一般为5周，部分病猪恶化死亡，部分猪康复但带菌。慢性感染猪症状不明显，常因其他病原体如支原体、细菌、病毒感染，导致症状加重。

109. 猪传染性胸膜肺炎的病理变化有哪些？

病变主要以急性出血性纤维素性肺炎和慢性纤维素性坏死性胸膜炎为特征。

（1）最急性型：病变主要是纤维素性肺炎和胸膜炎，病猪鼻孔流出带泡沫的血样渗出物，气管和支气管内充满泡沫样血色黏液性分泌物，肺炎病变多见于肺的前下部，不规则的周界清晰的出血性实质区或坏死灶常位于肺的后上部，特别是靠近肺门的主支气管周围。肺泡和间质水肿，淋巴管扩张，肺充血、出血且血管内有纤维素性血栓形成。

（2）急性型：肺炎病变多为两侧性，涉及心叶、尖叶和部分膈叶。病灶界限分明，病灶区呈紫红色的红色肝变期和灰色肝变期，切面呈大理石状花纹，间质充满血色胶冻样液体，胸腔内积有血样液体，纤维素性胸膜炎很明显。急性死亡病例，气管和支气管内充满泡沫状血样黏液性渗出物。

（3）亚急性型：肺脏可能发现大的干酪样病灶或含有坏死碎屑的空洞。常因细菌继发感染致使肺炎病灶转变为脓肿。气管内常见大量的黄白色脓性纤维素性假膜。肺表面的纤维素性渗出物被机化后常与肋胸膜粘连。

（4）慢性型：膈叶可见大小不一的结节，周围被一层厚结缔组织膜包裹，肺表面多与胸壁粘连，心包出现纤维素性心包炎，心包液增多，纤维蛋白渗出增多，形成绒毛心，后因大量结缔组织增生，心内外膜粘连，心包外膜与肺脏粘连，导致心肺活动受阻。

110. 猪传染性胸膜肺炎如何治疗？

采用与当地血清型相同的疫苗或当地分离的菌株做成自家苗免疫接种是预防本病的重要措施。

治宜抗菌消炎，整群治疗采用抗微生物药联合用药，辅以中药制剂，拌料或饮水。

方案 1. ①丁胺卡那霉素注射液 60 万~120 万 IU、10%葡萄糖注射液 20 mL，一次静脉注射，每天 3 次，连用 2~3 d。②20%磺胺嘧啶钠注射液 5~15 mL，一次肌内注射，每天 2 次，连用 2~3 d。

方案 2. ①10%氟苯尼考注射液 12. 5 mL，一次肌内注射，按每 1 kg体重 0. 25 mL。②硫酸丁胺卡那霉素注射液 400 万 IU，按每1 kg 体重 8 万 IU 用药，每天 1 次，连续 3 d。③黄芪多糖注射液10 mL，一次肌内注射，按每 1 kg 体重 0. 2 mL 用药，每天 1 次，连续 3 d。

方案 3. 中药制剂治疗。

【处方 1】金芩蓝口服液：金银花、黄芩、板蓝根各 250 g，连翘 500 g。

【临床应用】多用于治疗猪传染性胸膜肺炎、猪支原体肺炎等引起的咳嗽、发热、咽喉肿痛等症。

【用法与用量】混饮，1000 mL 兑水 500 kg，连用 5 d。

【处方 2】清肺止咳散加减：当归、木通、马兜铃各 20 g，冬花、知母、桑皮、陈皮、紫菀、天冬、百合、黄芩、桔梗、赤芍各 30 g，贝母 25 g，大黄 40 g，瓜蒌 50 g，苏子、生甘草各 15 g。共研细末，30~50 g/头，开水冲服。

注意：病初，可加杏仁、苏叶、防风和荆芥等。

中期，病猪发热时，加栀子、牡丹皮、枇杷叶；热盛气喘者，加生地黄、黄柏，重用桑皮、苏子、赤芍；流脓性鼻涕时，减天冬、百合，加金银花、连翘、栀子，重用桔梗、贝母、瓜蒌等；粪便干燥时，加蜂蜜 100 g；口内流涎时，加枯矾 15 g；胸内积水时，重用木通、桑皮，加滑石、车前子、旋覆花、猪苓、泽泻等；对老龄体弱的病猪，应酌减寒性药物，重用百合、天冬、贝母，加秦艽和鳖甲等。

后期，肺胃虚弱的病猪，减寒性药物，重用当归、百合、天冬，加苍术、厚朴、枳壳、槟榔片、半夏等；血气虚弱者，减寒性药物，重用当归、百合、天冬，加白术、党参、山药、五味子、白芍、熟地黄、秦艽、黄芪和首乌等。

111. 猪支原体肺炎的流行特点有哪些？

猪支原体肺炎是支原体科猪肺炎支原体引起猪的一种接触性、慢性、消耗性呼吸道传染病，又称猪喘气病。临床以咳嗽和气喘为主，病理变化仅限于肺，尤其肺心叶、尖叶、中间叶和膈叶前缘呈对称性肉样或“虾肉”样实变。

自然感染仅见于猪，不同年龄、性别和品种的猪均能感染，以哺乳仔猪最易发病，其次是妊娠后期及哺乳母猪，成年猪呈隐性感染和慢性感染，病猪和隐性病猪是本病的传染源，呼吸道是本病的感染途径，病猪和隐性病猪咳嗽、打喷嚏时，随飞沫及分泌物排出大量病原，健康猪因吸入而感染。

本病四季均可发病，但以冬、春季节多见，新疫区多呈暴发性流行，病势剧烈，传染迅速，发病率和死亡率都比较高，且多为急性经过；而老疫区多为慢性经过。饲养管理和卫生条件是影响本病发生和发展的主要因素，若与蓝耳病、猪肺疫等混合感染则病情加重。

112. 猪支原体肺炎的诊断要点有哪些？

本病潜伏期为10～16 d，临床以咳嗽和气喘为主。根据病程经过分为急性型、慢性型和隐性型。

（1）急性型：多见于新疫区或新感染猪群，病程一般为1～2周，死亡率高，各种日龄猪均可感染，尤其是哺乳仔猪、怀孕母猪及哺乳母猪严重。猪群突然发病，精神沉郁，剧喘，腹式呼吸或呈犬坐势，时发痉挛性阵咳，体温一般正常，继发感染时则体温升高。

（2）慢性型：常见于老疫区的架子猪、育肥猪和后备母猪，多由急性转变而来，也有的猪从开始就是慢性经过。病程长，多达2个月以上。病猪长期咳嗽，尤其以清晨、夜间、驱赶运动及进食后明显，严重时痉挛性咳嗽。随着病程延长，出现不同程度的呼吸困难。症状随饲养条件和气候的改变而缓和或加重。病猪一般体温不高，食欲正常，生长发育不良，消瘦，被毛粗乱等。

（3）隐性型：病猪没有明显症状，有时发生轻咳和气喘，全身状况良好，生长发育几乎正常，但X射线检查或剖检时可见到气喘病病灶。

病理变化仅限于肺，尤其肺心叶、尖叶、中间叶和膈叶前缘呈对称性肉样或“虾肉”样实变，病变与正常肺组织有明显的分界；气管内常有卡他性分泌物，支气管淋巴结和纵隔淋巴结常肿大。当继发感染时则常见胸膜炎和心包炎。

113. 猪支原体肺炎如何治疗？

免疫接种是预防本病的重要措施，单纯靠疫苗接种、药物预防或改善环境不能从根本上控制本病的发生与流行，必须采用综合性防治措施，才能达到控制的效果。

治宜抗菌消炎，整群治疗采用抗微生物药联合用药，辅以中药制剂，拌料或饮水。

方案1. ①硫酸卡那霉素注射液200万IU，按每1 kg体重4万IU肌内注射，每天1次，连用3~5 d。②头孢噻肟钠40 mg/kg加丁胺卡那霉素10 mg/kg，肌内注射，每天1次。③10%氟苯尼考注射液12.5 mL，一次肌内注射，按每1 kg体重0.25 mL。④20%磺胺嘧啶钠注射液5~15 mL，一次肌内注射，每天2次，连用2~3 d。⑤泰乐菌素0.5 g，一次肌内注射，按每1 kg体重10 mg，每天1次，连用5~7 d。

方案2. 中药制剂治疗。

【处方1】金银花25 g，黄芩、板蓝根、鱼腥草各30 g，蒲公英40 g，黄连5 g。粉碎，拌料饲喂，体重100 kg猪，每天1剂，连用2 d。

【处方2】金银花、炒白芍各25 g，地肤子20 g，黄柏、五味子、杏仁各12 g，炙麻黄、柴胡、白芷各10 g，大黄5 g。水煎，分二次灌服，每天1剂，连用3~4 d。

【处方3】生石膏90 g，玄参、连翘、板蓝根各30 g，黄芩、栀子、赤芍、桔梗、牡丹皮各18 g，甘草12 g，黄连9 g。灌服或拌料，每天2次，连用3~4 d。

【处方4】葶苈子、瓜蒌、麻黄、甘草各25 g，金银花50 g，桑叶、白芷各15 g，白芍、茯苓各10 g。水煎，一次喂服，每天1剂，连用2~3剂。

【处方5】麻黄、杏仁、桂枝、芍药、五味子、甘草、干姜各9 g，细辛6 g，半夏19 g。研末，每头每天30~45 g拌料喂服，连用3~5 d。

【处方6】金芩蓝口服液：金银花、黄芩、板蓝根各250 g，连翘500 g。

【临床应用】多用于治疗猪传染性胸膜肺炎、支原体肺炎等引起的咳嗽、发热、咽喉肿痛等症。

【用法与用量】混饮，1 000 mL兑水500 kg，连用5 d。

方案3. 针灸：穴位为苏气、肺俞、大椎等穴，针法为白针。

114. 副猪嗜血杆菌病的流行特点有哪些？

副猪嗜血杆菌病是由副猪嗜血杆菌引起的猪的多发性浆膜炎和关节炎为特征的细菌性传染病，主要以肺的浆膜和心包及腹腔浆膜和四肢关节浆膜的纤维素性炎为特征的呼吸道综合征。

仔猪敏感，尤其是断奶后和保育阶段的幼猪，发病率一般在10%~15%，严重时死亡率可达50%，病猪或带菌猪是主要传染源，主要通过空气直接接触感染，其他传播途径如消化道等亦可感染。

该菌为条件性致病菌，易受各种应激因素作用而诱发，发病程度与饲养密度、猪舍环境卫生、猪群免疫状态和猪体本身抵抗力等因素有关，常与猪繁殖与呼吸综合征、猪圆环病毒病、猪伪狂犬病、猪瘟、猪流感等病继发感染。

115. 副猪嗜血杆菌病的临床症状有哪些？

本病呈继发或混合感染，临床症状缺乏特征性，一般分为最急性型、急性型和慢性型。

（1）最急性型：突然死亡，无明显症状。此型较少见。

（2）急性型：病猪发热 40.5～42.0 ℃，精神沉郁，食欲下降，呼吸困难，腹式呼吸，皮肤发红或苍白，耳发紫，眼睑皮下水肿，行走缓慢或不愿站立，腕关节、跗关节肿大，共济失调，临死前侧卧或四肢呈划水样。有时会无明显临诊症状而突然死亡。

（3）慢性型：慢性病例多见于保育猪，主要是食欲下降，咳嗽，呼吸困难，被毛粗乱，四肢无力或跛行，生长不良，直至衰竭而死亡。母猪发病可流产，带仔能力减弱，发情不明显，公猪跛行。

116. 副猪嗜血杆菌病的病理变化有哪些？

病变以肺的浆膜和心包及腹腔浆膜和四肢关节浆膜的纤维素性炎为特征。即胸膜炎、间质性肺炎、心包炎、腹膜炎、关节炎，尤其以心包炎、胸膜肺炎的发生率最高。

肝、脑膜、肾、心肌有出血斑点，但脾脏不肿大；腹腔、胸腔、心包腔、关节腔、脑膜等均有浆液性或化脓性纤维蛋白渗出物沉着，形成脏器广泛粘连、绒毛心。

117. 副猪嗜血杆菌病如何治疗？

疫苗接种是预防本病的措重要措施。

治宜抗菌消炎，整群治疗采用抗微生物药联合用药，拌料或饮水。

方案 1. 注射用青霉素钠 200 万 IU，注射用水 5 mL，一次肌内注射，每天 2 次，连用 3～5 d。

方案 2. ①三甲氧苄氨嘧啶 0.5 g，按每 1 kg 体重 10 mg 喂服，每天 2 次，连用 3～5 d。②磺胺嘧啶 5 g，按每 1 kg 体重 0.1 g 喂服（首次剂量加倍），每天 2 次，连用 3～5 d。

方案 3. 头孢噻肟钠 40 mg/kg 加丁胺卡那霉素 10 mg/kg，肌内注射，每天 1 次。

方案 4. 阿莫西林 20 mg/kg 加庆大霉素 20 mg/kg，肌内注射，每天 1 次。

方案5. 氟苯尼考注射液30 mg/kg（以氟苯尼考计），肌内注射，每天1次。静脉注射效果更好。

方案6. 10%磺胺嘧啶钠注射液20~40 mL，一次肌内注射，每天2次，连用3~5 d。

118. 猪痢疾的流行特点有哪些?

猪痢疾又称为猪血痢、猪黑痢、出血性痢疾等，是由猪痢疾蛇形螺旋体引起猪的一种肠道传染病，以黏液性或黏液出血性腹泻为特征。急性型以出血性下痢为主，慢性型以黏液性腹泻为主。

不同年龄、品种的猪均易感，以7~12周龄的幼猪多发，小猪的发病率和病死率比大猪高，病猪、临床康复猪和无症状的带菌猪是主要传染源，经粪便排菌，病原体污染环境和饲料、饮水后，经消化道传染。

本病只发生于猪，最常见于断奶后正在生长发育的猪，仔猪和成年猪较少发病。本病的发生无季节性，传播缓慢，流行期长，可长期危害猪群，一旦传入猪群，很难清除。

119. 猪痢疾的诊断要点有哪些?

本病临床可分为急性型和慢性型两种。

（1）急性型：以出血性下痢为主，粪便中含有血液和血凝块、咖啡色或黑红色脱落的黏膜组织碎片，一部分转化为慢性型。病程1~2周，病猪迅速消瘦，弓背吊腹，起立无力，极度衰弱，最后死亡。

病猪精神稍差，食欲减少，体温升高至40.5 ℃，持续腹泻，初期粪便为黄色至灰色的软粪，表面附有条状黏液，后期呈咖啡色、黑红色、红色，粪便中混有血液和血凝块或坏死脱落的肠黏膜组织碎片等。

（2）慢性型：慢性型以黏液性腹泻为主。病猪精神及食欲不振，黏液性腹泻时轻时重，粪便呈黑色、黑红色或褐色，消瘦，生长发育受阻。部分康复猪经一定时间还可复发。

病变主要在大肠（结肠、盲肠），小肠没有病变。急性期病猪的大肠壁和大肠系膜充血、水肿，当病情进一步发展时，大肠壁水肿减轻，而黏膜炎症逐渐加重，由黏液性出血性炎症发展至出血性纤维素性炎症，表层黏膜坏死，形成黏液纤维蛋白假膜。病变分布部位不定，可能分布于整个大肠部分，或仅侵害部分肠段。病的后期，病变区扩大，呈广泛分布。

120. 猪痢疾如何治疗?

本病尚无疫苗可供预防，控制本病应采取综合性措施。

治宜消炎，止泻，整群治疗采用抗微生物药联合用药，辅以中药制剂，拌料或饮水。

方案 1. 丁胺卡那霉素 60 万～120 万 IU，一次喂服，每天 3 次，连用 3 d 以上。

方案 2. 氟苯尼考注射液 30 mg/kg（以氟苯尼考计），肌内注射，每天 1 次。

方案 3. 0.5%痢菌净注射液 25 mL，按每 1 kg 体重 0.5 mL，一次肌内注射，每天 2 次，连用 2～3 d。还可用新霉素、林可霉素、泰乐菌素、泰妙菌素等。

方案 4. 中药制剂治疗。

【处方】黄柏 15 g，黄连、黄芩各 10 g，白头翁 20 g。水煎，候温一次灌服。

方案 5. 针灸：穴位为后海穴，针法为水针，注入 10%葡萄糖注射液 1～2 mL 、0.5%普鲁卡因注射液 1～2 mL、双黄连素注射液 2 mL，每天 1 次，连续 2～3 d。

121. 什么是大肠杆菌病?

大肠杆菌病是由大肠杆菌的部分致病性血清型或亚血清型引起的一类猪的肠道传染病，包括仔猪黄痢、仔猪白痢和仔猪水肿病 3 种类型。

幼龄猪对本病最易感，发病猪和带菌猪是本病的主要传染源，因接触被发病猪或带菌猪的粪便污染过的饲料、饮水、母畜的乳头和皮肤等经消化道感染。

仔猪黄痢又称早发性大肠杆菌病，是 1 周龄以内的新生仔猪的一急性、高度致死性肠道传染病，1～3 日龄发病率最高，7 日龄以上很少发病。临床以剧烈的黄色水痢、迅速脱水死亡为特征，病理变化为肠炎和败血症，具有发病快、病程短、发病率和病死率高的特征。

仔猪白痢是由特定的大肠杆菌引发的一种急性肠道传染病，又称为迟发性大肠杆菌病。多发于 10～30 日龄仔猪，以 10～20 日龄多发，临床以下痢、排出灰白色粥状粪便为特征，病理变化主要为肠炎，发病率高，病死率低。

仔猪水肿病是某些溶血性大肠杆菌引起断奶仔猪发病的一种肠毒血症，临床上主要以脸部与眼睑水肿、突然发病、共济失调和麻痹为特征，病理特征性变化为胃壁、肠系膜、眼睑和面部及颌下淋巴结水肿，发病率虽不很高，但病死率很高。

本病四季均可发生，若饲养管理不善，环境卫生差，潮湿，气候骤变，母猪营养低下等情况下均可诱发本病。

122. 仔猪黄痢的临床症状有哪些？

本病潜伏期短，出生后 12 h 内即可发病，长的也仅 1～3 d。一般在 24 h 左右，可影响单个仔猪或整窝仔猪。

一窝仔猪出生时体况正常，突然有 1～2 头发病，表现全身衰弱，迅速死亡，以后其他仔猪相继发病，排出黄色浆状稀粪，内含气泡或凝乳小片，有腥臭味，肛门哆开、肿胀，周围有黄白色稀便污染，最后由于肛门松弛而失禁。

严重流行时，少数病猪可能呕吐，病猪精神沉郁、迟钝，眼睛无光，皮肤呈蓝灰色、质地枯燥，很快消瘦、脱水、体重下降，昏迷而死。

123. 仔猪黄痢的病理变化有哪些？

病理变化以急性出血性胃肠炎为主。尸体脱水严重，皮下常有水肿，体表被黄色粪便污秽。胃显著膨胀，充满多量酸臭味的白色、黄白色，甚至混有血液的凝乳块，胃壁黏膜水肿，表面附有多量黏液，胃底部黏膜呈红色或暗红色。小肠呈急性卡他性炎症，十二指肠最严重，空肠、回肠次之，结肠最轻；肠壁变薄，半透明状，肠管内充满气体和黄色黏稠内容物；肠黏膜肿胀，常有多少不一的出血点；肠系膜淋巴结轻度肿胀，呈淡黄红色或红色，切面多汁，有弥漫性小点出血。肝、肾有凝固性小坏死灶。

124. 仔猪黄痢如何治疗？

免疫接种是预防本病的重要措施，平时加强饲养管理，搞好环境卫生，做好消毒工作，特别是对怀孕母猪应加强产前产后的饲养和护理等，药物预防也是预防本病的措施之一。

治宜抗菌止泻，补液强心。整群治疗采用抗微生物药联合用药，辅以中药制剂，拌料或饮水。

方案 1. 预防方案：①长效土霉素注射液，一次肌内注射，0.5 mL/头，分别在 3 日龄、7 日龄、21 日龄时各注射 1 次。②20%长效盐酸多西环素注射液，在 3 日龄、7 日龄、21 日龄时各注射 1 次，剂量分别为 0.2 mL/头、0.3 mL/头、0.5 mL/头。也可以在 3 日龄、10 日龄各注射 1 次，剂量为 0.5 mL/头。③头孢噻呋钠冻干粉针，稀释后一次肌内注射，0.4 mL/头（250 mg/mL），分别在 1 日龄、7 日龄、断奶时各注射 1 次。④口服活菌制剂，按照说明使用。⑤金杨公英口服液（金樱子、杨树花、蒲公英、白头翁各 13 g，地锦草、黄芩、地榆炭、诃子、乌梅各 11 g，葛根 10 g，苍术、黄连各 7 g，石榴皮 15 g），灌服，3~5 mL/头。

方案 2. ①丁胺卡那霉素注射液 20 万 IU，一次肌内注射或灌服，每天 2~3 次，连用 3 d。②磺胺嘧啶 0.2~0.8 g、三甲氧苄氨嘧啶 0.05~0.2 g、活性炭 0.5 g，混匀分 2 次喂服，每天 2 次至愈。③氯化钠 3. 5 g、氯化钾 1. 5 g、小苏打 2. 5 g、葡萄糖粉 20 g，加温开水 1 000 mL 溶解，自由饮服。④恩诺沙星 10 mg，按每 1 kg 体重 5 mg，一次肌内注射，每天 2~3 次，连用 3 d。⑤氟苯尼考注射液30 mg/kg (以氟苯尼考计)，肌内注射，每天 1 次。

方案 3. 中药制剂治疗。

【处方 1】黄连、甘草各 5 g，泽泻 15 g，茯苓、神曲、山楂各 10 g，黄柏、黄芩、金银花、诃子、乌梅、草豆蔻各 20 g。研末，分 2 次拌入母猪饲料中喂服，连用 2 剂。

【处方 2】白头翁 2 g，龙胆末 1 g。研末，一次喂服，每天 3 次，连用 3 d。

【处方 3】黄连、黄柏、黄芩、白头翁各 30 g，诃子、乌梅、山楂、山药各 15 g。共为末，分 9 包，温水灌服，每天 3 次，连用 3 d。

方案 4. 针灸：穴位为脾俞、后海等穴，针法为水针，分别按肌内注射剂量的 1/3 注入双黄连注射液，或庆大小诺霉素，或恩诺沙星等药物。

125. 仔猪白痢的诊断要点有哪些？

病程一般为 2~3 d，长的 1 周左右，能自行康复，很少死亡，但常常生长迟缓。

病猪体温与食欲无明显变化，病初突然发生腹泻，排出乳白色或灰白色的浆状、糊状黏性腥臭粪便，有时带有气泡或血丝。接着病猪出现精神委顿，被毛粗乱，体表无光，食欲减退，四肢无力，步态不稳或卧地难起，下痢日久不愈，粪便呈灰白色恶臭，后期肛门松弛，粪便失禁，消瘦、脱水，极度虚弱而死。

病猪尸体消瘦，黏膜苍白，肛门及周围被粪便污染。小肠黏膜呈卡他性炎症，肠壁变薄，结肠内有乳白色或灰白色糊状或油膏状内容物；肠系膜淋巴结轻度肿胀。

126. 仔猪白痢如何治疗？

免疫接种是预防本病的重要措施，采取综合防控措施，加强饲养管理，搞好环境卫生，做好消毒工作等。

治宜抗菌止泻，整群治疗采用抗微生物药联合用药，辅以中药制剂，拌料或饮水。

方案 1. 长效土霉素注射液，一次肌内注射，0.5 mL/头，隔天 1 次，连用 2 次。

方案 2. 20%长效盐酸多西环素注射液，一次肌内注射 0.25 mL/头，隔天 1 次，连用 2 次。

方案 3. 头孢噻呋钠冻干粉针，稀释后一次肌内注射，0.6 mL/头（250 mg/mL），隔天 1 次，连用 2 次。

方案 4. 氟苯尼考注射液 30 mg/kg（以氟苯尼考计），肌内注射，每天 1 次。也可以选择恩诺沙星、痢菌净等抗生素治疗。

方案 5. 清开灵注射液 2 mL、恩诺沙星 2 mL，分别一次肌内注射，每天 2 次，连用 2~3 d。

方案 6. 中药制剂治疗。

【处方 1】金杨公英口服液：金樱子、杨树花、蒲公英、白头翁各 13 g，地锦草、黄芩、地榆炭、诃子、乌梅各 11 g，葛根 10 g，苍术、黄连各 7 g，石榴皮 15 g 等。灌服，3~5 mL/头。

【处方 2】白头翁、黄连、生地黄、黄柏各 50 g，青皮、地榆炭、山楂、当归各 25 g，赤芍 20 g，青木香 10 g。水煎喂服 10 只小猪，每天 1 剂，连用 1~2 d。

【处方 3】黄柏、蒲公英、马齿苋、瞿麦各 500 g。用水浸泡后，加水适量煎熬 20~30 min，过滤去渣，药汁浓缩到 1 000 g，候凉灌服。5 kg 以下仔猪每次 5g，10 kg 以下者每次 10 g，15 kg 以下者每次 30 g，每天 2 次，连用 2 d。在母猪临产前 15 d 喂服，预防仔猪白痢有效。

【处方 4】猪白散：猪苓、马齿苋、黄芪各 60 g，大黄炭 50 g，泽泻 40 g，金银花、黄连、厚朴各 30 g。共为细末，开水冲调，搅拌于精料中，让母猪自由采食。每天 1 剂，连用 3 d。用上方结合火针后海穴。

【处方 5】三黄汤加减：黄芩、黄柏、五龙爪、白芍、白头翁、地榆、神曲、陈皮各 200 g，凤尾草 250 g，地锦草 350 g，马齿苋 400 g，黄连 60 g。水煎 2 次合并滤液，浓缩至 4 000~5 000 mL，加 0.25%苯甲酸 15~20 mL。每次灌服 10 mL，每天 2 次，连用 2~3 d。

【处方 6】白头翁、马齿苋各 400 g，龙胆草、大蒜各 200 g。水煮取汁 800 mL，每头每次灌服 7 mL，每天 2 次，连用 3 d。

【处方 7】硫酸庆大小诺霉素注射液 8 万~16 万 IU，5%维生素 B_1 注射液 2~4 mL，肌内注射或后海穴一次注射，也可灌服。每天 2 次，连用 2~3 d。

127. 猪水肿病的临床症状有哪些?

病程短的仅数小时，一般为 1~2 d，长的可达 7 d 以上，但致死率高。

突然发病，精神沉郁，食欲减少或废绝，体温无变化，心跳加快，肌肉震颤，不时抽搐，四肢划动做游泳状，步态摇摆不稳，共济失调，行走时四肢无力，口流白沫，发出呻吟声或有嘶哑的叫声，继而后肢麻痹，卧地不起，昏迷中死亡。眼睑、结膜和睑部水肿，有时颈部、腹部皮下也出现水肿，少数病猪无水肿变化。

128. 猪水肿病的病理变化有哪些?

水肿是本病特征性的病变，多见于胃壁、肠系膜、眼睑和面部及颌下淋巴结水肿。

切开眼睑、颜面、额部、颌下、头顶部等处，可见皮下有胶冻样水肿。胃壁水肿，多见于大弯部和贲门部，有时也可波及胃底部和食管部，黏膜层和肌层之间有一层胶冻样水肿，严重的厚达 2~3 cm，范围约数厘米，切开时有黄色液体渗出；胃底黏膜潮红，有弥漫性出血。肠系膜是水肿的常见部位，大肠和结肠系膜的水肿也很常见，有些病猪直肠周围也有水肿，小肠黏膜也有弥漫性出血。全身的淋巴结水肿，有不同程度的充血、出血，尤以下颌淋巴结最为明显。心包液、胸腔液和腹腔液增加，暴露于空气中则很快凝成胶冻状。胆囊、喉头、肺脏和大脑也常有水肿。

有的病例以出血性胃肠炎为主，水肿则不明显。

129. 猪水肿病如何防治？

免疫接种是预防本病的重要措施，采取综合防控措施，加强饲养管理，搞好环境卫生，做好消毒工作等。

治宜抗菌、强心、利尿、解毒，整群治疗采用抗微生物药联合用药，辅以中药制剂，拌料或饮水。

方案 1. ①50%葡萄糖注射液 20 mL、地塞米松注射液 1 mg、25%维生素 C 注射液 2 mL，一次静脉注射，连用 1~2 次。②安钠咖注射液 1~2 mL，一次皮下注射，视情况可第 2 天再注射 1 次。③呋喃苯胺酸注射液 1~2 mL，一次肌内注射，可于第 2 天酌情再注射 1 次。④大蒜泥 10 g，分 2 次喂服，每天 2 次，连用 3 d。⑤丁胺卡那霉素注射液 20 万~40 万 IU，一次后海穴注射，每天 2 次，连用 2~3 次。

方案 2. ①抗血清 5~10 mL、硫酸庆大霉素注射液 8 万~16 万 IU，一次肌内注射，视情况可于第 2 天再注射 1 次。②20%磺胺嘧啶钠注射液 20~40 mL、50%葡萄糖注射液 40~60 mL，一次静脉注射，每天 1 次，连用 2~3 d。③10%葡萄糖酸钙注射液 5~10 mL、40%乌洛托品注射液 10 mL，一次静脉注射，每天 1 次，连用 2~3 d。④维生素 B_1注射液 2~4 mL，一次脾俞穴注射，每天 1 次，连用 2~3 d。

方案 3. 氟苯尼考注射液 30 mg/kg（以氟苯尼考计），肌内注射，每天 1 次。

方案 4. 中药制剂治疗。

【处方 1】白术、茯苓、冬瓜皮各 9 g，木通、陈皮、石斛、猪苓、泽泻各 6 g。水煎分 2 次喂服，每天 1 剂，连用 2 剂。

【处方 2】黄芩、黄柏、大黄、芒硝、泽泻、茯苓皮、生姜皮各 10 g，枳壳、厚朴各 6 g，甘草 5 g。水煎灌服，每天 1 次，连用 2~3 d。用本方配合 10%磺胺嘧啶钠注射液 30~50 mL、25%葡萄糖注射液 50 mL、40%乌洛托品注射液 10~20 mL、10%葡萄糖酸钙注射液 10 mL 静脉注射，治疗仔猪水肿病 52 例，治愈率达 80%。

【处方 3】黄连、黄芩各 100 g，板蓝根、生地黄各 300 g，黄柏 200 g。水煎去渣，每头灌服 20 mL，每天 1 次，连用 3 d。

方案 5. 针灸：穴位为后三里、天门、百会、尾根、大椎、后海等穴，针法为水针，按肌内注射量的 1/2 注入抗血清或丁胺卡那霉素或磺胺嘧啶钠等药物。

130. 仔猪梭菌性肠炎的流行特点有哪些？

仔猪梭菌性肠炎又称仔猪传染性坏死性肠炎，俗称仔猪红痢，是由 C 型魏氏梭菌引起的初生仔猪（3 日龄内）的高度致死性传染病。以出血性下痢、肠坏死、病程短、致死率高为特征，常常造成初生仔猪整窝死亡。

各品种仔猪均易感，主要侵害 3 日龄内的仔猪，带菌猪是主要传染源，带菌母猪也是传染源，消化道感染是本病最常见的传播途径。

本病发生于 1 周龄以下的仔猪，以 1~3 日龄的新生仔猪最多见，发病快，病程短，死亡率极高，同一猪群各窝仔猪发病率不同，发病率最高可达 100%，病死率 20%~60%，饲养管理不良时容易发生本病。

本病没有季节性，四季都可发生，尤其是多呈散发流行，一旦病原侵入猪群，它就能长期存在，难以彻底清除。

131. 仔猪梭菌性肠炎的临床症状有哪些？

（1）最急性型：仔猪出生当天就发病，突然出现出血性腹泻（血痢），后躯粘满带血稀粪。病猪精神不振，走路摇晃，随即虚脱或昏迷、抽搐而死亡。部分仔猪无血痢而突然死亡。

（2）急性型：此类型最常见，病程一般可维持 2 d 左右。整个病程中病猪排含有灰色坏死组织碎片的红褐色水样稀粪。病猪迅速脱水、消瘦，最终衰竭死亡。

（3）亚急性型：病猪呈持续性的非出血性腹泻，一般 5~7 d 死亡。病猪开始精神、食欲尚好，持续性的非出血性腹泻，粪便开始为黄色软便，后变为清水样，并含有坏死组织碎片，似米粥样。随病程发展，病猪逐渐消瘦、脱水、死亡。

(4) 慢性型：病程一至数周，呈间歇性或持续腹泻，粪便为灰黄色黏液状，后躯粘满粪便的结痂。病猪生长缓慢，发育不良，消瘦，最终死亡或形成僵猪。

132. 仔猪梭菌性肠炎的病理变化有哪些？

本病不同类型的死亡仔猪病理变化基本相似，病变的严重程度因病程不同有所差异。

典型病变集中在空肠，有时也可延至回肠，十二指肠一般无病变。空肠外观有一小段呈深红色，与正常部位界限分明，肠腔内充满暗红色或红黄色液体，内含多量气泡，肠黏膜及黏膜下层广泛出血，肠系膜淋巴结深红色，肠黏膜甚至可见灰黄色麸皮样坏死。

病程稍长的以坏死性肠炎为主，肠壁变厚，弹性消失；肠黏膜可见一处或多处坏死带，黏膜上附有黄色或灰色坏死性假膜。

133. 仔猪梭菌性肠炎如何治疗？

免疫接种是预防本病的重要措施，采取综合防控措施，加强饲养管理，搞好环境卫生，做好消毒工作（如接生前清洗和消毒母猪乳头等），可以减少本病的发生和传播。

本病发病急、病程短，往往来不及治疗。对于一些病程长或抵抗力强的仔猪或同一窝没有出现症状的仔猪立即使用抗生素或磺胺类药物口服，每天 2~3 次，有一定的治疗效果；脱水者，腹腔注射 5%葡萄糖溶液或生理盐水；若有魏氏梭菌抗毒素血清时，配合青霉素、链霉素，效果更佳。用法：魏氏梭菌抗毒素血清 5~10 mL/头，青霉素、链霉素各 10 万 IU/kg，每天 3 次，连用 3~5 d。

134. 仔猪副伤寒的流行特点有哪些？

仔猪副伤寒又称猪沙门菌病，是由沙门菌属猪霍乱沙门菌引起的仔猪传染病。急性病例多表现败血症，慢性病例以坏死性肠炎、卡他性或干酪性肺炎为特征。

病原体是猪霍乱沙门菌和猪伤寒沙门菌，常存在于病猪的各脏器及粪便中，对外界环境的抵抗力较强，但对消毒药的抵抗力不强，用3%来苏儿、福尔马林等能将其杀死。

各种年龄、品种、性别的猪均可感染，1~4月龄多发，尤其断奶后不久的仔猪最易感，成年猪和哺乳猪很少发病，病猪和带菌猪是本病的主要传染源。

传播途径有两种：一种是病菌的污染饲料和饮水，经消化道感染，另一种是存在于健康猪体内的病菌，在猪体质变弱或抵抗力下降时，趁机繁殖，毒力增强而导致内源性感染。

本病呈散发或地方流行性，主要发生于密集饲养的断奶后的仔猪，主要侵害2~4月龄仔猪，成年猪及哺乳仔猪很少发生。当饲养管理不当，寒冷潮湿，气候突变，断奶过早，有其他传染病或寄生虫病侵袭，使猪的体质减弱，抵抗力降低时，病原体即趁机繁殖，毒力增强而致病。

135. 仔猪副伤寒的临床症状有哪些？

（1）急性型：多发于断奶前后的仔猪，突然发病，体温升高至41~42 ℃，精神不振，食欲减退或废绝，呼吸困难，先便秘后腹泻，粪便有特殊恶臭，甚至便血，颜色多为灰色或绿色，耳根、胸前和腹下皮肤有紫红色斑点。病猪多数3~5 d死亡。

（2）慢性型：此型是临诊上多见的类型，多由急性转归而来或开始即为慢性经过，反复下痢为主。

病猪体温升高至40.5~41.5 ℃，精神不振，畏寒，逐渐消瘦，生长停止，被毛粗乱，眼有黏性或脓性分泌物，上、下眼睑常被黏着。少数发生角膜炎，严重者发展为角膜溃疡。病初便秘后下痢，粪便灰白色或黄绿色，恶臭，并混有大量的坏死组织碎片。部分病猪皮肤尤其腹部皮肤可见弥漫性湿疹。病情往往拖延2~3周或更长，最后极度消瘦，衰竭而死。少数变成僵猪。

136. 仔猪副伤寒的病理变化有哪些?

（1）急性型：耳根、胸腹、四肢内侧皮肤有紫红色斑点；全身的黏膜、浆膜均有不同程度的出血斑点；心脏、脾脏和肾脏等实质器官明显瘀血，呈暗红血色，表面常见点状出血；脾常肿大，色暗带蓝，坚度似橡皮，切面蓝红色，脾髓质不软化；肺脏变硬具有弹性，弥漫性出血；肝肾肿大充血、出血，肝被膜下有细小的黄灰色或灰白色糠麸状坏死点；胃肠黏膜呈急性卡他性炎症；肠系膜淋巴结呈索状肿大，其他淋巴结也有不同程度的增大，软而红，类似大理石状。

（2）慢性型：以肠道内发生纤维素性坏死性肠炎为特征。盲肠、结肠有凹陷、不规则的溃疡和假膜；少数病例滤泡周围黏膜坏死，稍突出于肠壁表面，有纤维蛋白渗出，形成环状同心轮；肠系膜淋巴结呈索状肿胀，部分呈干酪样变。

137. 仔猪副伤寒如何治疗?

加强饲养管理，保持猪舍清洁干燥，消除诱发因素，做好疫苗接种。发病后，将病猪隔离，以防传染，严格消毒污染的猪舍等，未发病猪采用药物进行紧急预防。

治宜抗菌消炎，整群治疗采用抗微生物药联合用药，辅以中药制剂，拌料或饮水。

方案 1. ①丁胺卡那霉素注射液 20 万~40 万 IU，一次肌内注射，每天 2~3 次至愈。②大蒜 20 g，捣汁后一次灌服，每天 1 次，连用 2~3 次。

方案 2. ①磺胺嘧啶 1~2 g、三甲氧苄氨嘧啶 0.2~0.4 g，混匀分 2 次喂服，按每 1 kg 体重磺胺嘧啶 20~40 mg、三甲氧苄氨嘧啶 4~8 mg，连用 1 周。②10%磺胺嘧啶钠注射液 25 mL、25%葡萄糖注射液 40~60 mL，一次静脉注射，磺胺嘧啶钠按每 1 kg 体重 0.5 mL 用药。③氯化钠 3.5 g、氯化钾 1.5 g、小苏打 2.5 g、葡萄糖粉 20 g，加温开水 1 000 mL 溶解，自由饮服。

方案3. 氟苯尼考粉（以氟苯尼考计），按 每1 kg体重20~30 mg拌料喂服，每天2次。

方案4. 中药制剂治疗。

【处方1】黄芩、陈皮、槐木炭、连翘各6 g，苦参、神曲、金银花、柴胡、莱菔子各9 g。水煎分2次喂服，每天1剂，连用2~3剂。

【处方2】黄芩、荆芥、桂枝各20 g，杏仁、麻黄各15 g，桔梗、防风各25 g，川芎、大枣各12 g，生姜、甘草各10 g。水煎，候温灌服，或研细末，开水冲调灌服，每天1剂，连服3~5 d。

方案5. 针灸：穴位为后三里、后海、脾俞等穴，针法为白针或水针，分别按肌内注射剂量的1/3注入双黄连注射液或庆大小诺霉素或恩诺沙星等药物。

138. 猪丹毒的流行特点有哪些?

猪丹毒是由猪丹毒杆菌引起的一种急性、热性、败血性传染性疫病，俗称“打火印”，是人畜共患病。急性病例多呈败血症症状，亚急性表现为皮肤上出现紫红色疹块，慢性以非化脓性关节炎和疣状心内膜炎为特征。

各种年龄猪均可感染，但以3月龄以上的架子猪发病率最高，病猪、带菌猪及康复猪是主要的传染源，经消化道和损伤的皮肤感染，也可经吸血昆虫如蚊、蝇、虱、蜱等传播，带菌猪在不良条件下抵抗力降低时，细菌也可侵入血液，引起自体内源性传染而发病。

本病四季都可发病，但以炎热、多雨季节多发，多呈散发性或地方流行性，有时也会暴发流行。环境突变与应激因素（如猪营养缺乏、温度改变、驱赶等）及某些疾病（如圆环病毒病、猪繁殖与呼吸综合征、某些寄生虫病等）与猪丹毒的发生和传染有关联。

139. 猪丹毒的临床症状有哪些?

本病潜伏期为1~7 d（平均3~5 d），临床上分为急性败血型、亚急性疹块型和慢性型。

（1）急性败血型：肥猪和架子猪多见。初期个别猪无临诊症状而突然死亡，大多呈稽留热，体温升高达42～43 ℃，寒颤，食欲下降，步态僵硬或不愿运动，结膜充血，粪便干硬，粟粒状，后期可能下痢。耳尖、鼻端、腹、腿外侧等处皮肤出现大小、形状不一的红斑，指压退色，病程2～4 d，病死率达80%～90%。

（2）亚急性疹块型：此类型以皮肤上出现疹块为主要特征，俗称“打火印”。病猪食欲减少，精神委顿，高热不退，接着胸、腹、肩、背、四肢外侧等处皮肤出现大小、形状不一，数量不等的深红色疹块，多呈菱形或方形，也有不规则的圆形，疹块稍突起，界限分明，最后疹块形成干痂皮，脱落后自愈。

（3）慢性型：此类型以慢性关节炎、慢性心内膜炎和皮肤坏死为特征。病猪四肢关节疼痛、肿胀，肢蹄步行僵硬，喜卧厌走，跛行，强行运动时见心率加快，呼吸迫促，听诊有心杂音。病猪食欲减退，生长缓慢，消瘦，皮肤坏死常发生于背、肩、耳、蹄、尾部，局部皮肤变黑，干硬如革，最后脱落，遗留瘢痕。严重病猪死亡。

140. 猪丹毒的病理变化有哪些？

（1）急性败血型：败血症变化明显，皮肤多处出现丹毒性红斑。全身淋巴结肿胀充血，呈紫红色，切面多汁，常见小点出血。脾脏因瘀血而显著肿大，呈樱桃红色，被膜紧张，边缘钝圆，质地柔软，呈暗红色，脾髓易于刮下，脾脏切面可见白髓周围的“红晕”现象。肾肿大，被膜易剥离，色暗红，有小红点，呈花斑样，称为“大红肾”。肺瘀血、水肿，肺表面有斑点状出血。胃肠道有急性卡他性或出血性炎症，以胃或十二指肠较明显。

（2）亚急性疹块型：以皮肤上出现疹块为特征，内脏变化与急性型相似。

（3）慢性型：此类型以慢性心内膜炎、慢性关节炎和皮肤坏死为特征。

慢性心内膜炎主要发生在二尖瓣，瓣膜上形成各种灰白色的菜花形疣状物，使瓣口狭窄、变形、闭锁不全。

慢性关节炎通常发生在跗关节、膝关节、肘关节和腕关节，关节肿大，关节囊内充满大量浆液、纤维素性渗出物，滑膜充血、水肿，病程较长者，肉芽组织增生，关节囊肥厚。

皮肤坏死与临床症状相似。

141. 猪丹毒如何治疗？

疫苗接种是预防和控制本病的重要措施，加强饲养管理，搞好卫生消毒等，增强机体抗病力。

治宜抗菌消炎，整群治疗采用抗微生物药联合用药，辅以中药制剂，拌料或饮水。

方案1. 血清和注射用青霉素联合用药，用于亚急性猪丹毒，发病后24~36 h内使用效果显著。①抗血清50 mL，一次静脉注射或皮下注射。②注射用青霉素钠，80万~160万IU，一次肌内注射，每天2~3次，连用3~4 d。普鲁卡因青霉素、链霉素、庆大霉素、洁霉素等也可替代青霉素钠等肌内注射。注射用青霉素可用血清稀释。

方案2. 青霉素疗法，发病后24~36 h内治疗，效果显著。注射用青霉素，20 kg以上猪，20万~40万IU/头；20~50 kg猪，40万~100万IU/头；50 kg以上猪，100万~160万IU/头，肌内注射，每天2次，直至体温和食欲恢复正常。也可用普鲁卡因青霉素和苄星青霉素替代注射用青霉素，15万IU/kg，每天1次。

方案3. ①穿心莲注射液，10~20 mL，一次肌内注射，每天2~3次，连用2~3 d；②丁胺卡那霉素注射液，10~15 mg/kg，一次肌内注射，每天2~3次。治疗亚急性猪丹毒。

方案4. ①20%复方磺胺嘧啶钠注射液10~30 mL，肌内注射，每天2次，首次量加倍，连用3~5 d；②长效土霉素注射液5~10 mL/头，肌内注射，每天1次，连用2 d。也可以单独使用进行治疗。

方案5. 青霉素20万IU/kg加链霉素5万IU/kg，肌内注射，每天1次，连用3~5 d。

方案6. 针灸：①穴位为血印、天门、断血、尾尖等穴，配玉堂、山根等穴，针法为白针或血针。②穴位为肺俞、后三里等穴，针法为水针，分别按肌内注射剂量的 1/3 注入氨苄青霉素、磺胺嘧啶等药物，每天 1~2 次，连续 3~5 d。

方案 7. 采用以上方案治疗时，配合使用清热解毒或宣毒发表、透疹外出功效的中药制剂，效果更佳。

【处方 1】石膏 30 g，金银花 25 g，柴胡 10 g，知母、甘草、连翘、葛根各 15 g，水煎取汁，分早、晚 2 次内服，连用 3 d。本处方量为 10 kg 体重的猪量，用药时根据猪大小不同而酌情增减。

【处方 2】大青叶 120 g，生石膏、贝母、板蓝根各 40 g，共为末，开水冲调，候温灌服，每天 1 剂，连服 3 剂。

【处方 3】地龙 45 g，石膏、大黄各 30 g，连翘、知母、玄参各 15 g，水煎取汁，分 2 次 1 d 内服，连服 2 剂。

【处方 4】柴胡、陈皮、苍术、白术各 15 g，山楂、神曲、大黄各 30 g，木通、甘草各 9 g，麦芽 20 g，芒硝 60 g，水煎灌服，每天 1 剂，连服 2~3 剂。用于猪丹毒后期，体温正常、便秘、不食者。

【处方 5】金银花、大黄各 120 g，连翘、黄芩各 80 g，地骨皮 12 g，蒲公英、三棵针、葛根、生石膏、升麻、重楼各 150 g，仙鹤草、地丁各 100 g，槟榔 50 g，地龙 85 g。水煎灌服，体重 15~30 kg 的猪每次 20~40 mL，每天 2~3 次，连用 3~5 d。用于亚急性猪丹毒。

【处方 6】生石膏 90 g，生地黄、大青叶、玄参、丹参、水牛角各 60 g，黄连、栀子、桔梗、黄芩、知母、赤芍、连翘、丹皮、竹叶、紫草各 30 g。加水 1 000 mL，煎取 250 mL 药汁，体重 50 kg 的猪一次拌料喂服或灌服。用于亚急性猪丹毒。

142. 猪传染性萎缩性鼻炎的流行特点有哪些?

猪传染性萎缩性鼻炎是由支气管败血波氏杆菌和产毒素多杀性巴氏杆菌引起猪的慢性呼吸道传染病，以鼻炎、鼻甲骨萎缩、面部变形和病猪生长迟缓为特征，目前发病率有增加趋势。

各种年龄的猪都可感染，但以仔猪的易感性最大，病猪和带菌猪是本病的主要传染源，其他带菌动物也可作为传染源使猪感染发病，主要通过飞沫经呼吸道传染。

本病常年均可发病，冬、春季是本病的多发季节，传播速度慢，发病率和病死率低，一旦发生，很难从猪场中根除，母猪一旦发病，应立即淘汰。

各种应激是诱发本病的重要因素，如混养、密集、过度拥挤、通风不良、空气污浊、过热、过冷、长期饲喂粉料等均可诱发本病，营养缺乏，如蛋白质、氨基酸（尤其赖氨酸）、矿物质、维生素缺乏均可促进本病发生。病猪若继发其他病原菌，致使病情加重。

143. 猪传染性萎缩性鼻炎的诊断要点有哪些？

临床上以鼻炎、鼻甲骨萎缩和面部变形为特征，特征性病变是鼻中隔软骨和鼻甲骨的软化和萎缩。

感染猪打喷嚏，流鼻液，有浆液性、黏液脓性渗出物流出。打喷嚏时因损坏鼻黏膜的血管，出现一过性的单侧或两侧鼻出血，接着呼吸困难；因受到局部炎症的刺激，鼻孔周围瘙痒，病猪不断摩擦鼻端，吸气时鼻孔张开，严重时张口呼吸；因鼻炎导致鼻泪管阻塞，泪液增多，从而在眼内角下面皮肤上形成半月状，因尘土黏结而呈灰黑色的斑块，俗称“泪斑”。

发病 3~4 周后鼻甲骨萎缩和面部变形。鼻甲骨和上颌骨缩短，嘴巴向上弯曲，下切齿突出，脸部变形扭曲，严重凹陷和多余皮肤形成皱纹，或者两眼间距变小，整个头部轮廓发生改变；如果是鼻甲骨单侧性萎缩则上颌扭向一侧。若鼻炎蔓延到筛板，则可使大脑感染而发生脑炎症状。

特征性病变是鼻中隔软骨和鼻甲骨的软化和萎缩，最严重的表现为鼻甲骨结构消失，形成空洞。正常的鼻甲骨分成上下两个卷曲，整个鼻腔被上下卷曲占据，上鼻道比下鼻道稍大，鼻中隔正直，当鼻甲骨萎缩时，卷曲变小而钝直，甚至消失，使鼻腔变成一个鼻道，鼻中隔偏曲，鼻黏膜常有黏液性或干酪样分泌物。

144. 猪传染性萎缩性鼻炎如何治疗?

疫苗接种是预防和控制本病的重要措施，实行“全进全出”的饲养制度，不同批次和来源地的猪要分开饲养，每批猪出栏后要进行彻底消毒，防止病原体的传播，加强饲养管理，搞好卫生，定期清理猪舍，清除废弃物，及时对猪舍进行消毒，杀灭病原微生物等。

治宜抗菌消炎，整群治疗采用抗微生物药联合用药，拌料或饮水。

方案 1. ①磺胺二甲氧嘧啶 100 g 加金霉素 100 g 加氨苄青霉素 100 g，拌料 1 000 kg，连用 3~4 周。②注射用硫酸链霉素 200 万 IU，注射用水 2 mL，一次肌内注射，每天 2 次，连用 3 d。

方案 2. 青霉素 20 万 IU/kg 加链霉素 5 万 IU/kg，肌内注射，每天 1 次，连用 3~5 d。

方案 3. 20%复方磺胺嘧啶钠注射液 25 mg/kg，肌内注射，连用 2~3 d；长效土霉素注射液 5~10 mL/头，肌内注射，每天 1 次，连用 2 d。

方案 4. 20%复方磺胺嘧啶钠注射液 25 mg/kg，肌内注射，连用 2~3 d；长效盐酸多西环素注射液 3~5 mL/头，肌内注射，每天 1 次，连用 2 d。

方案 5. 头孢噻肟钠 40 mg/kg，每天 1 次，静脉注射。配合注射止血敏 10 mL 加安络血 10 mL。用于治疗流鼻血的病例。

145. 猪布鲁氏菌病的流行特点有哪些?

猪布鲁氏菌病是由布鲁氏菌引起的人畜共患的一种急性或慢性传染病，其特征是侵害生殖系统，母畜流产和不孕，公畜睾丸炎、腱鞘炎和关节炎等。在家畜中，除猪对本病易感外，牛和羊也易感。

本病的感染范围很广，除人和羊、牛、猪最易感外，其他动物如鹿、骆驼、马、犬、猫、狼、猴、鸡、鸭及一些啮齿动物等都可自然感染。

猪是布鲁氏菌病的重要宿主，布鲁氏菌对猪具有较强的易感性，且随着猪年龄的增长，易感性也会增加。母猪比公猪更易感，怀孕母猪的发病率更高。

病猪和带菌猪是猪布鲁氏菌病的主要传染源，主要通过消化道、性器官、皮肤和胎膜等途径传播。例如，病猪的尿和粪便中可能存在该菌，污染饲料或饮水后可能导致猪感染。此外，带菌母猪的乳汁、流产时的胎儿、胎盘及子宫分泌物，以及吸血昆虫的叮咬等，都可能是传播途径。

猪布鲁氏菌病的发生没有明显的季节性，但春季可能是发病较多的时期。

146. 猪布鲁氏菌病的诊断要点有哪些？

感染猪大部分呈隐性经过，少数猪呈现典型症状，母猪流产、不孕，公猪睾丸炎，后肢麻痹及跛行，短暂发热或无热，很少发生死亡。流产可发生于任何孕期，因每个胎儿的胎衣互不相连，胎衣和胎儿受侵害的程度及时期并不相同，流产胎儿可能有一部分死亡，死亡时间也不同。在怀孕后期（接近预产期）流产时，所产的仔猪可能有完全健康者，也有虚弱者和不同时期死亡者，并且阴道常流出黏性红色分泌物，经 8~10 d 虽可自愈，但排菌时间却较长，需经 30 d 以上才能停止。公猪发生睾丸炎时，呈一侧性或两侧性睾丸肿胀、硬固，有热痛，病程长，后期睾丸萎缩，失去配种能力。

胎衣呈黄色胶冻样浸润，附有纤维蛋白碎片和脓液；流产胎儿皮下水肿；浆膜、黏膜有出血斑点；胃内有纤维蛋白絮片；肝、脾和淋巴结肿大；睾丸有米粒至黄豆大小的坏死灶或化脓灶。

147. 猪布鲁氏菌病如何防治？

（1）加强兽医卫生措施，坚持自繁自养，经常消毒。引种时严格检疫，隔离观察 2 个月，2 次检查完全阴性方可混群；健康群每年至少检疫一次；疫区每年至少检疫 2 次；检疫结果阳性者一律淘汰，做无害化处理。

（2）淘汰病猪。由于本病治疗效果差，疗程长，使病情慢性化，存在保毒散毒风险，因此不建议治疗。

（3）接产或处理流产要谨慎，必要时戴胶手套等；胎衣等深埋，用具、工作服等用1：（200~400）过硫酸氢钾溶液浸泡消毒，现场用2%氢氧化钠溶液消毒等。

148. 猪李氏杆菌病的流行特点有哪些？

猪李氏杆菌病是由产单核细胞李氏杆菌引起的人、家畜和禽类等共患的传染病，又名旋转病，表现为脑膜脑炎、败血症和母畜流产。猪带菌率高，发病率低，病死率高，哺乳仔猪易感且日龄越小死亡率越高。

各种年龄的猪都可感染，妊娠母猪和哺乳仔猪较为易感，2~3周龄仔猪最易感，病猪和带菌猪是本病的主要传染源，通过粪、尿、乳汁、精液及眼鼻分泌物、流产胎儿、子宫分泌物等途径传播细菌。自然感染可通过消化道、呼吸道、结膜及损伤的皮肤等，饲料和饮水可能是主要的传播媒介，鼠类污染饲料也可导致该病在猪场发生。

本病一般为散发，偶尔呈暴发流行。一般发生于冬季或早春，天气骤变，内寄生虫感染或沙门菌感染时均可诱发本病。

149. 猪李氏杆菌病的临床症状有哪些？

猪李氏杆菌病临床分为败血型、脑膜脑炎型和混合型，常见的是混合型，多见于哺乳仔猪。

（1）败血型：哺乳仔猪多发败血型。病猪突然发病，初期体温升高至41~42 ℃，中、后期体温降至常温或常温以下。病猪精神沉郁，吮乳减少或不吃，咳嗽，呼吸困难，耳部及腹部皮肤呈紫红色，部分猪腹泻，一般1~3 d后死亡，慢性病例大猪略低于正常，贫血，消瘦，采食量下降，身体虚弱，行走摇摆，气喘，肌肉震颤。母猪流产。

（2）脑膜脑炎型：断奶仔猪和成年猪多发，多数病猪出现症状后1 h内死亡，稍慢的2~3 d死亡。病程一般1~3 d，长的可达4~9 d，仔猪死亡率高，母猪流产。病猪兴奋不安，运动失调，步态踉跄，肌肉震颤，无目的地跑跳；有的病猪头颈后仰，四肢开张呈“观星”姿势；有的后肢麻痹不能站立；严重者躺卧，抽搐，口吐白沫，四肢乱划，病猪反应性增强，惊厥明显。

（3）混合型：哺乳仔猪多发，突然发病，初期体温升高至41~42 ℃，中、后期体温降至常温或常温以下，吮乳减少或不吃，粪干尿少；母猪流产前无征兆和规律性，流产发生在妊娠中后期和发热之后。多数病猪表现脑膜脑炎症状。

150. 猪李氏杆菌病的病理变化有哪些？

脑膜和脑实质充血、水肿和增厚，脑脊液增量，稍显混浊，呈淡粉红色；脑组织有局部性脓性坏死灶，多见于脑桥和髓质部。心内膜、心外膜出血；脾肿大，大面积出血坏死；肝肿大，颜色变浅，有灰白色坏死点，间质增生；多数淋巴结肿大。

母猪子宫内膜充血，子宫壁增厚并有坏死灶，流产胎儿自溶，肝脏有大量小坏死灶。

151. 猪李氏杆菌病如何治疗？

预防本病的重点是加强饲养管理和检疫，搞好环境卫生，场地、猪舍、用具等严格消毒，正确处理粪便和病死猪，消灭老鼠及其他啮齿类动物及寄生虫，尽量减少应激等。

治宜抗菌消炎，补液强心，整群治疗采用抗微生物药联合用药，辅以中药制剂，拌料或饮水。

方案1. 20%复方磺胺嘧啶钠注射液20~30 mL/头，肌内注射，连用2~3 d；氟苯尼考注射液30 mg/kg，肌内注射，连用3~5 d。

方案2. 20%复方磺胺嘧啶钠注射液20~30 mL/头，肌内注射，连用2~3 d；长效土霉素注射液5~10 mL/头，肌内注射，每天1次，连用2 d。

方案3. 20%复方磺胺嘧啶钠注射液20~30 mL/头，肌内注射，连用2~3 d；长效盐酸多西环素注射液3~5 mL/头，肌内注射，每天1次，连用2 d。

方案4. 青霉素2万~4万IU/kg加链霉素2万~4万IU/kg，肌内注射，每天2次，连用3~5 d。

方案5. 氨苄西林30 mg/kg加庆大霉素20 mg/kg，每天2次，首次静脉注射。

猪心衰时，配合20%葡萄糖注射液20 mL和安钠咖注射液2 mL，一次静脉注射，每天2次，连用3~5 d。猪兴奋时可用镇静药如氯丙嗪肌内注射，一次量，1~2 mg/kg。

方案6. ①10%葡萄糖注射液40 mL、20%磺胺嘧啶钠注射液5~10 mL、10%安钠咖注射液2 mL，一次静脉注射，每天2次，连用3~5 d。②水合氯醛50 g，按每1 kg体重1 g，以淀粉配成5%溶液一次灌服。

方案7. 中药制剂治疗。

【处方】栀子、黄芩、合欢皮、菊花、茯苓、大黄、远志各12 g，生地黄16 g，木通9 g，芒硝30 g，水煎一次喂服，每天1剂，连用3剂以上。

方案8. 针灸：穴位为天门、太阳、脑俞、大椎等穴，针法为白针。

152. 猪溶血性链球菌病的流行特点有哪些?

猪链球菌病是由溶血性链球菌引起的人畜共患传染病，病原体是革兰氏阳性球菌，抵抗力不强，对干燥、湿热均较敏感，常用消毒药都易将其杀死。

各种年龄、性别、品种的猪都易感。架子猪多发，败血症型和脑膜炎型多见于仔猪，淋巴结脓肿多见于中猪，病猪和康复猪均可带菌，主要通过消化道和呼吸道感染，也可经皮肤、黏膜创伤感染，健康猪与病猪接触，或被病猪排泄物污染的饲料、饮水等感染造成大批发病而流行。

本病四季均可发生，通常以炎热的7~10月出现大面积流行，发病多，死亡率较高。在新疫区的发病率和死亡率通常较高，疫情常呈暴发态势，短期内可能波及大片地区，老疫区疫情则多呈散发状态，发病率和死亡率相对较低。

153. 猪溶血性链球菌病的临床症状有哪些？

本病临床分为败血症型、脑膜炎型、关节炎型和淋巴结脓肿型。

（1）败血症型：流行初期常有最急性病例，往往未见任何明显症状已死亡。急性型病例常见体温升高、精神沉郁、食欲减退，病程后期在耳端、腹下、四肢内侧皮肤见紫红色斑，呼吸加快，眼结膜潮红，流泪，有浆液性鼻液。少数病猪在病的后期，于耳尖、四肢下端、腹下有紫红色或出血性红斑，有跛行，病程 2~4 d。

（2）脑膜炎型：体温升高，停食，便秘，流浆液性鼻液。头颈歪斜，圆圈运动，步态不稳，空嚼，倒地呈游泳姿势（共济失调）等。

（3）关节炎型：由前两型转来，或者从发病起即呈现关节炎症状。表现一肢或几肢关节肿胀，疼痛，有跛行，甚至不能起立，病程 2~3 周。

值得注意的是，上述三型很少单独发生，常常混合存在，或者先后发生。

（4）淋巴结脓肿型：淋巴结肿胀、坚硬，有热痛感，化脓成熟后肿胀，中央变软，自行破溃，流出绿色、稠厚、无臭味脓汁，全身症状减轻，局部肉芽组织增生，逐渐自愈。

154. 猪溶血性链球菌病的病理变化有哪些？

（1）败血症型：病死猪天然孔流出暗红色血液，凝固不良，颈下、腹下及四肢末端等处皮肤有紫红色出血斑点；皮下、黏膜、浆膜出血，鼻镜、喉头及气管黏膜充血，内有大量气泡；肺充血肿胀，脾脏明显肿大、出血，色暗红或蓝紫；肾脏肿大、出血，皮质、髓质界限不清；胃肠黏膜、浆膜散在点状出血；全身淋巴结肿胀、出血；猪心肌软化，色泽变淡，心外膜弥漫性出血点，心内膜发生心内膜炎，形成赘生物。

（2）脑膜炎型：脑膜和脊髓软膜充血、出血。个别脑膜下水肿，切面可见白质与灰质有小点状出血。

（3）其他型：关节腔内多有浆液纤维素性炎症，关节囊膜面充血、粗糙，滑液混浊，并含有黄白色奶酪样块状物。有时关节周围皮下有胶样水肿，严重病例周围肌肉组织化脓、坏死。

155. 猪溶血性链球菌病如何治疗？

疫苗接种是预防和控制本病的重要措施，平时加强饲养管理，建立和健全消毒隔离制度，保持圈舍清洁、干燥及通风，经常清除粪便，保持地面清洁，引种时须经检疫和隔离观察，确定健康时方能混群饲养等。

治宜抗菌消炎，整群治疗采用抗微生物药联合用药，辅以中药制剂，拌料或饮水。

方案 1. ①注射用青霉素钠 240 万 IU、地塞米松注射液 4 mg，一次肌内注射，每天 2 次至愈。用于急性败血型。②丁胺卡那霉素注射液 60 万～120 万 IU，按 每 1 kg 体重 20 mg，一次肌内注射，每天 1 次至愈。

方案 2. 10%磺胺嘧啶钠注射液 20～40 mL、地塞米松注射液 4～10 mg，一次肌内注射，每天 2 次，连用 3～5 d，用于脑膜脑炎型。

方案 3. 林可霉素 500 万 IU、地塞米松注射液 4 mg，一次肌内注射，林可霉素按每 1 kg 体重 10 万 IU，每天 2 次，连用 2～3 d。

方案 4. 氨苄西林 30 mg/kg 加庆大霉素 20 mg/kg，每天 2 次，首次静脉注射。

方案 5. 头孢噻呋 5 mg/kg 加庆大霉素 20 mg/kg，每天 2 次，首次静脉注射。

方案 6. 青霉素、0. 2%高锰酸钾溶液和 5%碘酊联合用药，用于治疗淋巴结脓肿型。高锰酸钾溶液和碘酊适量，将局部脓肿切开后以高锰酸钾溶液冲洗干净，并涂擦碘酊。青霉素 4 万 IU/kg，每天 2 次，肌内注射。

方案 7. 针灸：穴位为天门、大椎、百会等穴，针法为水针，按肌内注射剂量的 1/3 注入先锋霉素，或复方磺胺嘧啶钠，或清开灵，或双黄连注射液，或板蓝根注射液等药液。

方案8. 采用上述治疗方案时，配合中药治疗，效果更佳。

【处方1】蒲公英、紫花地丁各30 g，煎水拌料饲喂，每天2次，连服3 d。

【处方2】清瘟败毒散：石膏120 g，地黄、知母、栀子、连翘各30 g，水牛角60 g，黄连、牡丹皮各20 g，黄芩、赤芍、玄参、桔梗、淡竹叶各25 g，甘草15 g。灌服或拌料，30~50 g/头，用于败血型。

【处方3】蒲公英、紫花地丁各20 g，人工牛黄1.5 g，冰片0.5 g，黄连3 g。共为末，水冲调灌服。用于脑膜炎型。

【处方4】大青叶、板蓝根、拳参、连翘、金银花各6 g，桔梗、百部各9 g，麻黄12 g，石膏30 g。共为末，水冲调灌服，每天2次，连用3 d。用于呼吸困难时。

【处方5】金银花、麦冬各20 g，连翘、蒲公英、地丁、大黄、山豆根各10 g，射干50 g，甘草5 g。共为末，水煎候凉，按1%拌料喂服，或体重100 kg猪一次灌服100 g，连用3~5 d。

【处方6】野菊花60 g，夏枯草、蒲公英各40 g，紫花地丁30 g，忍冬藤、芦竹根、大青叶各30 g。水煎取汁，供10头猪一次拌料喂服，每天1次，连用3~5 d。

156. 猪炭疽病的流行特点有哪些?

猪炭疽病是由炭疽杆菌所引起的各种家畜、野生动物和人类共患的传染病。临床表现为急性、热性、败血性等症状。病理变化以败血症变化为特征，天然孔出血，血液凝固不良，呈煤油样，脾脏显著肿大，皮下及浆膜下组织呈出血性胶样浸润。

猪炭疽病不仅影响猪，还影响其他家畜、野生动物等，它们因吞食炭疽病死亡尸体而发病，并可成为本病的传播者。人也可以通过食入或接触污染炭疽杆菌的畜产品而感染。

病畜及死后的畜体、血液、脏器组织及其分泌物、排泄物等均含有大量炭疽杆菌，如果处理不当则可散布传染。

本病传染的途径主要有三种：一是通过消化道感染，如食入被炭疽杆菌污染的饲料或饮水；二是通过皮肤感染，如带有炭疽杆菌的吸血昆虫叮咬及创伤感染；三是通过呼吸感染，如吸入混有炭疽芽孢的灰尘。

猪炭疽病多发生于夏季，与气温高、雨量多、洪水泛滥、吸血昆虫大量活动等因素有关。炭疽芽孢在土壤中生存时间较久，可使污染地区成为疫源地。大雨或江河洪水泛滥时可将土壤中的病原菌冲刷出来，污染放牧地或饲料、水源等，随水流范围扩大传染。

157. 猪炭疽病的临床症状有哪些?

潜伏期一般为2~6 d，散发，亚急性或慢性居多。根据侵害部位分以下几型：

（1）咽喉型：病猪咽喉部显著肿胀，渐次蔓延至头、颈，甚至胸下与前肢内侧，体温升高，呼吸困难，精神沉郁，不吃食，咳嗽，呕吐。一般在胸部水肿出现后24 h内死亡。

（2）肠型：病猪不食，呕吐，血痢，体温升高，最后死亡。

（3）败血型：病猪体温升高，不吃食，行动摇摆，呼吸困难，全身痉挛，嘶叫，可视黏膜成蓝紫色，1~2 d内死亡。

158. 猪炭疽病的病理变化有哪些?

（1）咽喉型：主要侵害咽喉及胸部淋巴结。颌下、咽后、颈前淋巴结呈出血性淋巴结炎，病变部呈粉红色至深红色，病健部界线明显，淋巴结周围有浆液性或浆液出血性浸润。转为慢性时，呈出血性坏死性淋巴结炎变化，病灶切面致密，发硬发脆，呈一致的砖红色，并有散在坏死灶。

（2）肠型：主要侵害肠黏膜及其附近的淋巴结。肠管呈暗红色，肿胀，有时有坏死或溃疡，肠系膜淋巴结潮红肿胀。

（3）败血型：血液凝固不良，天然孔出血，血液呈黑红色的煤焦油样，咽喉、颈部、胸前部的皮下组织有黄色胶样浸润，各脏器出血明显，实质器官变性，脾脏肿大，呈黑红色。

159. 猪炭疽病如何防治？

（1）免疫接种是预防猪炭疽病的重要手段。在经常发生炭疽病及受威胁的地区，应每年进行免疫接种，以增强猪体的特异性抵抗力。

（2）对污染的圈舍、饲养管理用具等进行严格消毒，污染的饲料、粪便、废弃物应烧掉，尸体应焚烧或深埋，以防止病原体的传播。

（3）发现疫情，及时上报，采取隔离、封锁措施。病畜、可疑病畜进行隔离治疗或预防性治疗。病死尸体烧毁或深埋。污染的环境严格消毒。

（4）对病猪及可疑病猪应立即使用抗炭疽血清注射，或与抗生素同时注射进行防治。抗炭疽血清是治疗炭疽病的特效生物制剂，病初应用可获良好的效果。具体用量为大猪一次量为 50～100 mL，小猪为 30～80 mL，可一半静脉注射，一半皮下注射。必要时可在 12 h或 24 h 重复注射一次。为避免过敏反应，最好使用同种动物的抗炭疽血清。

（5）治疗时也可使用抗生素和磺胺类药物，以青霉素治疗效果好，猪每次肌内注射 40 万～80 万 IU，每天注射 2 次，连续 2～3 d。土霉素、强力霉素也可口服或静脉注射使用，磺胺类药物如磺胺嘧啶也有一定疗效。在使用这些药物时，应根据猪的病情和体重来确定合适的剂量和疗程。

160. 猪渗出性皮炎的流行特点有哪些？

猪渗出性皮炎又称猪葡萄球菌感染，是由葡萄球菌引起哺乳仔猪和断奶仔猪的一种急性和超急性传染病。

各种年龄猪均可感染，5～10 日龄哺乳仔猪最易感，其次是刚断奶仔猪，大猪很少感染发病，病猪是主要传染源，各种途径均可感染，破裂和损伤的皮肤黏膜是主要的入侵途径。

本病四季均可发病，但以潮湿的春、秋季节多发，其发生和流行与饲养管理条件差、卫生环境恶劣、污染程度严重、饲养密度大、并发病存在等因素有密切关系。

161. 猪渗出性皮炎的诊断要点有哪些?

仔猪发病初期皮肤出现红斑，渗出浆液，形成结痂，呈横纹龟裂，有臭味，强行剥除痂皮，露出附着带血的浆液和脓性分泌物的红色创面，随着病程延长，猪表皮形成一个个纽扣状黑色结痂。

病仔猪食欲减退，饮欲增加，并迅速消瘦，严重病例于发病后4~6 d死亡或形成僵猪。较大猪病变轻微，无全身症状，一般经30~40 d自愈。

尸体消瘦、脱水，全身粘有胶样渗出物，恶臭，外周淋巴结通常肿大，肾肿大、苍白、有小点出血，肾的髓质切面中可见到大量灰白色或黄白色的尿酸盐沉积。

162. 猪渗出性皮炎如何防治?

(1) 加强饲养管理，及时清扫粪便，保持猪舍干净和干燥，避免细菌滋生繁殖，是预防本病的关键措施。对于经常发生葡萄球菌病的猪场，对妊娠母猪接种葡萄球菌疫苗或类毒素制剂，可以有效降低本病的发病率。

(2) 用消毒药对猪舍进行彻底消毒。及时将病猪隔离治疗，防控效果较好。如果病情持续时间较长，发生严重的感染后再进行治疗，效果将不理想。

(3) 对于皮肤有痂皮或出现水疱的仔猪，用0.1%的高锰酸钾溶液清洗或浸泡患部，然后用纱布擦洗干净。除去痂皮和破溃的表皮后，出现伤口的可用磺胺消炎软膏涂擦，每天1次，直至伤口愈合。

163. 猪破伤风的流行特点有哪些?

破伤风又名“强直症”，俗称“锁口风”，是由破伤风梭菌经伤口感染后产生的外毒素引起的一种人畜共患的急性、中毒性传染病。临床上以全身骨骼肌持续性痉挛和对外界刺激反射兴奋性增高为特征，呈零星散发，病死率高。

本病无明显的季节性，四季均可发病，夏秋季节多见。各种年龄猪对本病均易感，尤其以仔猪易感性最高，一般不能由病猪直接传染健康猪，各种创伤（如被刺伤、割伤、断尾、断脐、去势、剪毛、骨折和产后感染等）才能引起感染，临床上有少数病例见不到伤口，这可能是因为在破伤风潜伏期中伤口已经愈合，或可能是经损伤的消化道黏膜和子宫感染。

164. 猪破伤风的临床症状有哪些？

潜伏期1~4周，潜伏期长短多与创伤的部位及创伤的状态有关。

病猪头部肌肉出现痉挛，叫声尖细，牙关紧闭，口流白沫，颈部伸直，四肢僵硬后伸，尾巴发硬，行走困难，站立时发呆，呈角弓反张式侧卧；咽部肌肉痉挛，表现为吞咽及采食困难，眼部呈现瞬膜外露症状。粪便干结，尿闭，有的滴尿。对光、声和其他刺激敏感，常加重症状，最后呼吸困难，心跳加快，缺氧而死亡，病死率较高。

黏膜、浆膜及脊髓膜有小出血点，肌间结缔组织有浆液浸润，肺有充血、水肿变化。

165. 猪破伤风如何治疗？

免疫接种是预防本病的关键措施。治宜抗菌，镇静，处理伤口。

方案1. ①破伤风抗毒素20万~80万IU，一次皮下或静脉注射。②2%高锰酸钾溶液或3%双氧水适量、5%碘酊适量，先用2%高锰酸钾液或3%双氧水反复洗涤伤口，再涂擦5%碘酊。③20%乌洛托品注射液20~30 mL，一次肌内注射。④注射用青霉素钠80万~160万IU、注射用硫酸链霉素100万~200万IU，一次肌内注射，每天2次，连用3 d。⑤3%双氧水20~25 mL、10%葡萄糖注射液80~100 mL，混匀一次缓慢静脉注射。

方案2. 中药制剂治疗。

【处方1】天麻35 g，炮南星、防风各30 g，荆芥穗40 g，葱白

1 根。水煎喂服，每天 1 剂，连用 3~4 剂。

【处方 2】全蝎、蜈蚣、桂枝各 5 g，姜 10 g，麻黄、当归各 50 g，细辛 2.5 g，葱 2 根，蝉蜕 10 个。水煎分 2 次喂服，隔天 1 剂，连用 2~3 剂。

方案 3. 针灸：穴位为天门、开关、风门，配涌泉、百会等穴，针法为白针或血针，也可火针。

方案 4. 对症治疗：猪兴奋不安和强直痉挛时，一般用氯丙嗪 30~50 mg/mL，肌内注射，每天 1~2 次，或 25%硫酸镁注射液 10~20 mL，肌内注射或静脉注射，每天 1~2 次，以解痉挛。不吃食、不饮水时，选用 10%葡萄糖生理盐水、5%碳酸氢钠静脉注射。心脏衰弱时，20%樟脑注射液，肌内注射。

第四章　猪常见寄生虫病的防治

166. 猪寄生虫病的综合性防控措施有哪些？

（1）采用自繁自养或者全进全出的饲养模式，对于新引进的种猪在隔离期间进行粪便和其他方面的检查，做好广谱驱虫工作，禁止外源寄生虫的传入。

（2）定期做好全场卫生消毒工作，空栏消毒，及时清理猪粪，搞好环境卫生，减少宿主与致病源的接触机会，阻断寄生虫病的传播途径。

（3）坚持科学饲养，制定合理的免疫程序，保障营养均衡，控制饲养密度，为猪群提供舒适健康的环境，有利于提高猪体抵抗力，增强抗病能力。

（4）做好猪场寄生虫病的监测工作，制定科学的驱虫方案，选用新型、安全、高效、广谱，且兼顾体内及体表寄生虫的驱虫药物，加强环境卫生管理，及时清理粪污，定期杀虫灭鼠，场内禁养猫狗。

167. 什么是猪蛔虫病？

猪蛔虫病是由蛔科蛔属的猪蛔虫寄生于猪小肠引起的一种土源性线虫病，猪蛔虫寄生于猪小肠中，为黄白色或粉红色的大型线虫，体表光滑，雄虫长 140～280 mm，尾端向腹面弯曲，雌虫长 200～400 mm，尾端尖直。

一条雌虫平均每天可产卵 10 万～20 万个，产卵高峰期可达 100 万～200 万个，一生可产卵达 8 000 万个，对外界环境造成严重的污染。

168. 猪蛔虫如何发育与传播？

猪蛔虫的发育过程不需要中间宿主，为土源性线虫。成虫寄生于猪小肠内，雌虫产卵，虫卵随粪便排出体外，在适宜的温度、湿度和充足氧气的条件下，经过2次蜕化发育为含有感染性幼虫的卵，猪吞食了感染性虫卵而被感染。猪吞食感染性虫卵后，在肠道内化学及物理因素的刺激下，卵壳内的幼虫分泌蛋白酶及壳质酶，将卵壳溶解后，在猪的小肠内孵出幼虫。幼虫钻入肠壁，进入血管，最早在感染后6 h可随血流经门静脉到达肝。在肝中，披鞘幼虫蜕皮，进一步随血流经肝门静脉、后腔静脉进入右心房、右心室，感染后6~8 d再经肺动脉、毛细血管进入肺泡，幼虫穿过肺泡，经细支气管和支气管上行至气管，随黏液到咽部再被咽下，再经食道、胃重返小肠，感染8 d后，可在小肠内发现这些幼虫。大多数幼虫在感染后17~21 d被宿主排出体外，没有排出的少数虫体在小肠内进行第三次蜕皮，变为第四期幼虫，约2周后蜕皮变为第五期幼虫（童虫），从猪感染虫卵到虫体发育成熟、排卵，历时2~2.5个月，虫体在小肠内以黏膜表层物质和肠内容物为食。在感染第17周后排卵量达到高峰，然后逐渐下降。猪蛔虫在猪体内可生存6个月至1年，然后自行随粪便排出。

169. 猪蛔虫病的诊断要点有哪些？

猪蛔虫的幼虫阶段和成虫阶段对猪都有致病作用，其危害程度主要由感染强度（感染蛔虫数量）所决定。

（1）幼虫移行期间肺炎症状明显，仔猪表现咳嗽、体温升高、呼吸加快、食欲减退。严重感染可出现呼吸困难、心跳加快、呕吐流涎、精神沉郁、多喜躺卧、不愿走动，可能经1~2周好转，或逐渐虚弱，发生死亡。感染早期的幼虫穿过结肠及盲肠黏膜移行，会引起黏膜出血。幼虫对肝和肺损害较大。当幼虫移行至肝时，幼虫吸血，损伤肝组织，引起肝组织出血、炎症反应、变性和坏死，肝表面形成云雾状的蛔虫斑，也称“乳斑”，直径约1 cm，最早在感染后 3 d 即可出现，一般在感染后 35 d 内可恢复正常。当幼虫移行至肺时，造成肺的小点出血和水肿，严重的病例，继发细菌或病毒感染，引起肺炎。

（2）6 月龄以上的猪因有较强的抵抗力，能耐过一定数量虫体侵害，虽不表现症状，但为带虫猪，成为本病的传染源。成虫大量寄生时，病猪主要表现为营养不良，消瘦，贫血，被毛粗乱，食欲异常、减退或时好时坏，同时表现异嗜，生长缓慢，增重明显降低，甚至停滞成为僵猪。更为严重时，由于虫体机械性刺激，损伤肠黏膜，可出现肠炎症状，表现腹泻，体温升高；如肠道被阻塞后，可出现阵发性痉挛性疝痛症状，甚至由于肠破裂而死亡。如虫体钻进胆管，则表现腹泻，体温升高，食欲废绝，剧烈腹痛，烦躁不安；之后体温下降，卧地不起，四肢乱蹬，滚动不安，最后趴地不动而死亡。如持续时间较长者，可视黏膜黄染。在寄生数量不多、猪营养状况良好的情况下，多不表现明显症状。

成虫寄生在小肠内时，易发生肠梗阻，小肠黏膜有卡他性炎症、出血或溃疡。如肠破裂可见腹膜炎和腹腔积血。胆道蛔虫病死亡的猪，可见蛔虫钻入胆道并造成胆管阻塞，病程较长者，可出现化脓性胆管炎或胆管破裂，胆汁外流，胆囊内胆汁减少，肝黄染和变硬等。初期呈肝炎、肺炎病变。肝小点状出血，肝细胞混浊肿胀，脂肪变性坏死，肝组织变得比较致密，表面有大量出血点或暗红色及灰白色斑点。肝、肺和支气管等组织器官采用幼虫分离法，可发现大量幼虫。

170. 猪蛔虫病如何防治？

（1）注意猪舍的清洁卫生，由于蛔虫卵在粪便中存活时间长，产房、猪舍、运动场等在进猪前，都需进行彻底的清洗和消毒，并定期用20%～30%的石灰水或 2%～3%的氢氧化钠水等消毒。因很多消毒剂对猪蛔虫卵杀灭效果较弱，最好是圈舍轮空并干燥一段时间使用，保持饲料和饮水的清洁卫生，防止被粪便污染。

（2）猪蛔虫病的防治需要对种猪群进行预防性驱虫，每年 4 次全面驱虫。药物一般可使用左旋咪唑（8 mg/kg）、阿苯达唑（20~30 mg/kg）、柠檬酸哌嗪（0.25 g/kg）、噻苯唑（50~100 mg/kg）等。仔猪在断奶时驱虫一次，并且在4~6周后再驱虫一次。育肥猪在3月龄和5月龄各驱虫一次，后备猪配种前驱虫，新引进猪驱虫后再合群。

（3）对散养猪，可用驱虫药物在3月龄及5月龄各驱虫一次。

（4）为减少猪蛔虫的虫卵对环境的污染，应将猪的粪便进行无害化处理。及时将清除的粪便和褥草进行堆积发酵，利用发酵的温度杀死虫卵。

171. 什么是猪球虫病？

猪球虫病是由囊等孢属的猪囊等孢球虫和艾美耳属的多种艾美耳球虫寄生于猪的肠道所引起的寄生虫病，主要危害哺乳期仔猪，尤以囊等孢球虫危害为大。猪囊等孢球虫孢子化卵囊有2个孢子囊，每个孢子囊含有4个子孢子，子孢子呈腊肠型。孢子囊内无斯氏体，能在中间宿主或转续宿主组织内形成组织包囊。猪感染的艾美耳球虫，文献报道有15种，但公认的有效种为8种，分别为蒂氏艾美耳球虫、新蒂氏艾美耳球虫、极细艾美耳球虫、光滑艾美耳球虫、豚艾美耳球虫、粗糙艾美耳球虫、有刺艾美耳球虫和猪艾美耳球虫。在这些感染的球虫中，以猪囊等孢球虫的致病力最强，其次为蒂氏艾美耳球虫、光滑艾美耳球虫、粗糙艾美耳球虫和有刺艾美耳球虫。

172. 猪球虫如何发育与传播？

猪球虫是直接发育型寄生虫，在猪体内进行裂殖生殖和配子生殖，在外界环境中进行孢子生殖，猪是猪囊等孢球虫和猪艾美耳球虫的终末宿主。猪囊等孢球虫的潜隐期最短，为4~6 d，显露期为3~13 d，卵囊孢子化时间3~5 d。其生活史与典型球虫的发育过程相似，但囊等孢球虫除了肠内发育阶段，还存在肠外发育阶段。肠外发育与肠内的无性繁殖阶段相似，以胞内生殖或纵二分裂的方式进行，主要发生在肠系膜淋巴结、肝和脾内，脑、肌肉组织和肺也有发现。肠外无性发育阶段可能只是在肠内发育的虫体偶尔迁徙出肠道所致。

173. 猪球虫病的诊断要点有哪些？

猪球虫病主要发生在仔猪，一般多发生在7~21日龄的仔猪。主要临诊症状是腹泻，有恶臭味，持续4~6 d，粪便呈水样或糊状，显黄色至白色，偶尔由于出血而呈棕色，初始时粪便松软或呈糊状，随着病情加重粪便呈水状；有的粪便呈白色至灰白色凝乳块状，有的表现黄色水样腹泻。患病仔猪被毛粗乱无光泽，皮肤灰白，缺乏弹性；轻度发热，精神沉郁，食欲减退，消化不良，生长发育缓慢，严重消瘦，体重几乎不增加，喜卧，弓背站立，可持续2~3 d。严重感染的哺乳仔猪最后因脱水衰弱而死亡，存活者生长速度减慢。但多数感染3周后临床症状自行消失，大多感染猪自然康复。一般1~2周龄仔猪最易感，随着年龄的增长，易感性迅速下降。1日龄仔猪感染40万个卵囊就可以致死，但2周龄仔猪感染同样剂量只会出现轻度短暂的腹泻。潜伏期5 d，排卵囊期可持续1~3周。存活仔猪对再次感染具有良好的免疫力。成年猪则很少发病。

剖检可见典型病变是急性肠炎，肠系膜淋巴结肿大出血，肠道黏膜肿胀、出血或不同程度的坏死，有的黏膜上附着黄色假膜，肠道内容物呈暗红色，且发出酸臭气味。经过实验室显微镜观察，可以在肠道黏膜上皮细胞内看到正在发育阶段的虫体。

174. 猪球虫病如何防治？

加强饲养管理，搞好环境卫生，对猪粪尿及垫料进行发酵处理，消除各种不利因素，并使用药物如氨丙啉、妥曲珠利等进行预防等。

治宜驱杀虫体，选择治疗球虫的药物，并结合止泻、强心和补液等对症治疗。

方案1. 5%的百球清混悬液按0.5 mL/kg体重内服，每天1次，连用7~14 d。

方案2. 磺胺嘧啶3.5 g、二甲氧苄氨嘧啶0.7 g，按每1 kg体重磺胺嘧啶 70 mg、二甲氧苄氨嘧啶 14 mg 一次喂服，每天 2 次，连用 3 d。

方案 3. 磺胺甲氧吡嗪 1.5 g、甲氧苄氨嘧啶 0.5 g，按每 1 kg 体重磺胺甲氧吡嗪 30 mg、甲氧苄氨嘧啶 10 mg 一次内服，每天 1 次，连用 3~4 d。

方案 4. 磺胺甲氧吡嗪按每 1 kg 体重 0.03 g 内服，每天 1 次，连用 3~4 d。

方案 5. 氨丙啉按每 1 kg 体重 15~40 mg 内服，每天 1 次，连用 5~6 d。

175. 什么是猪结肠小袋虫病？

猪结肠小袋虫病是由小袋科小袋属结肠小袋虫寄生于猪结肠和盲肠内引起的一种人畜共患原虫病。结肠小袋虫主要感染家猪和野猪，也会感染豚鼠、鸵鸟和包括人在内的灵长类动物，主要危害结肠，其次是盲肠和直肠，轻度感染时不表现症状，严重感染时有肠炎症状。

猪是小袋虫最主要的天然宿主，哺乳仔猪、保育仔猪、育肥猪和母猪均有感染，但是断奶后的保育仔猪感染率高，新鲜粪便中滋养体密度大，与断奶仔猪腹泻呈正相关，而育肥猪和母猪粪便中滋养体或包囊密度较低，往往不表现腹泻症状。

176. 猪结肠小袋虫病的病原学特征有哪些？

小袋虫的发育过程中有滋养体和包囊两种形态。滋养体表面覆盖纵向排列的纤毛，能活跃地旋转运动，呈不对称的卵圆形或梨形，浅绿色或淡黄色，大小为（30~150）μm×（25~120）μm。虫体前端略尖，其腹面有一倾斜的胞口，向下形成管状结构即胞咽，以盲端终于胞质内，胞口具有摄取淀粉和细菌等食物的作用；后端钝圆，有一不甚明显的胞肛，将不能消化的残渣废物排出。滋养体细胞质内靠近中部处有一呈肾形的大核，在大核凹陷附近有一小核，小核是生殖核，为单倍体，传递遗传信息；大核为生理核，为高度多倍体，富含调控虫体生理生化代谢活动的基因。细胞质中还有两个伸缩泡，一个位于中部，另一个靠近后部，主要是调节细胞渗透压平衡；细胞质内还有大量食物泡，具有暂时储存食物营养的作用。

小袋虫滋养体兼性厌氧，易于体外培养。滋养体遇到不良环境会缩水，逐渐失去纤毛，形成球形包囊，不能运动，直径 40~60 μm，包囊内有大核、伸缩泡和少量食物泡。具有较厚的双层囊壁，浅黄色或浅绿色，对外界干燥等不良环境抵抗能力较强。小袋虫包囊对外界环境和消毒剂的抵抗力较强，在-28~6 ℃能存活100 d，18~20 ℃下存活 20 d，太阳直射下 3 h 才死亡。

177. 猪结肠小袋虫如何发育与传播？

猪和人的感染主要是经口感染，常通过饮食污染有包囊的食物或饮水而感染。猪吞食了小袋虫的包囊后，囊壁在胃肠内消化液作用下溶解，一个包囊形成一个滋养体。在猪的盲肠和结肠肠腔或肠黏膜下层组织内，滋养体吞食淀粉、细菌、红细胞和组织细胞，以横二分裂法进行增殖。在分裂早期虫体变长，首先小核分裂，然后大核分裂，最后滋养体中部细胞质紧缩分裂成两个新虫体，刚形成的新虫体较母体小，两个新虫体的前端靠近进行接合生殖，交换核物质后分开，逐渐长大。在盲肠和结肠主要以滋养体形式存在，随肠内容物到达直肠，由于直肠内容物水分减少等环境改变，部分滋养体会形成包囊，随粪便排到外界环境中。

178. 猪结肠小袋虫病的诊断要点有哪些？

（1）潜在型：感染动物无症状，但成为带虫传播者。主要发生在成年猪。

（2）急性型：多发生在仔猪，特别是断奶后的小猪。主要表现为水样腹泻，混有血液。粪便中有滋养体和包囊两种虫体存在。病猪表现为食欲减退，渴欲增加，喜欢饮水，消瘦，粪稀如水，恶臭。被毛粗乱无光，严重者 1~3 周死亡。

（3）慢性型：常由急性病猪转为慢性，表现出消化机能障碍、贫血、消瘦、脱水的症状，发育障碍，陷于恶病质，常常死亡。

猪小袋虫能引起结肠黏膜炎症坏死和溃疡，并可继发细菌感染，从而加重黏膜病变。病变部位主要在盲肠和乙状结肠，偶尔累及回肠末段和阑尾，个别病例虫体可侵犯肠系膜淋巴结、肝、肺及胸膜、泌尿生殖道等。肠黏膜有时有针尖大小的出血点。病变早期肠黏膜可有直径数毫米的溃疡，逐渐扩大融合，形成口小底大边缘不整齐的溃疡，溃疡开口稍大且颈部短粗。溃疡底部一般位于黏膜下层，但在周围肠黏膜内也可见大量滋养体。溃疡间黏膜可正常或水肿出血并有淋巴细胞及嗜酸性粒细胞浸润。

179. 猪结肠小袋虫病如何防治?

（1）搞好环境卫生，及时清理猪舍粪便并堆积发酵是预防猪结肠小袋虫病的有效措施。

（2）饲养人员应注意手的清洁和饮食卫生。避免接触感染。另外，公共饮水系统要防止被猪场的粪便污染；将猪粪便作为有机肥料种植的蔬菜可能携带包囊，食用前要清洗干净，并以熟食为主。

（3）治宜驱杀虫体。

方案 1. 牛乳 1 000 mL、碘片 5 g、碘化钾 10 g、水 100 mL，混匀让其自饮。

方案 2. 二甲硝咪唑 2 g，一次喂服，按每 1 kg 体重 40 mg 用药，肌内注射减半。

也可以选择甲硝唑、替硝唑、奥硝唑等硝基咪唑类药治疗。

180. 猪类圆线虫病的病原学与流行特点有哪些?

猪类圆线虫病是由杆形目的兰氏类圆线虫（俗称杆虫）寄生于猪小肠内引起的一种线虫病，该病呈世界性分布，对仔猪危害较大。兰氏类圆线虫，虫体呈毛发样，雌虫大小为 3.4～4.5 mm，食道长，约占虫体总长的 1/3，其子宫和肠道缠绕。寄生于猪的小肠，多在十二指肠黏膜。虫卵为卵形，壳薄，无色透明，大小为（42～53）μm×（24～32）μm。

猪类圆线虫主要侵袭仔猪，1月龄左右感染时最为严重，2～3月龄后逐渐减少。类圆线虫的幼虫不带鞘，对外界环境比较敏感，温暖和潮湿的环境有利于其发育和存活，因此，本病在夏季和雨季流行严重。

猪类圆线虫主要流行于热带和亚热带区域，也见于温带地区。经乳汁传播是家养动物类圆线虫病发生的重要途径，而自身感染则是重复感染发生的主要原因。

181. 猪类圆线虫如何发育与传播？

猪类圆线虫的生活史比较特殊，既可自由生活，又可寄生生活，可以在寄生生活与自由生活之间转换，也可在宿主体内产生自身感染。自由生活的类圆线虫环境中的杆状幼虫经历4次蜕皮发育为雌虫和雄虫，二者交配后，雌虫产出虫卵，孵化出的杆状幼虫再次进入自由生活阶段或进入寄生生活阶段。寄生生活的类圆线虫，在环境中发育至感染性阶段的丝状幼虫经口或者皮肤进入宿主体内，随后移行至肺。幼虫在肺内穿透肺泡腔，经支气管进入咽部，在宿主吞咽时，幼虫进入食道并最终进入小肠。幼虫在肠道内再进行两次蜕化，发育为雌虫（动物体内未见有寄生性雄虫的报道）。雌虫寄生于肠道黏膜上皮，通过孤雌生殖的方式产出虫卵。虫卵在肠道内即孵化出幼虫。幼虫随粪便排出进入环境中，或者发生自身感染。兰氏类圆线虫的丝状幼虫不带鞘，对外界不良环境抵抗力较弱，但温暖和潮湿的条件有利于感染性幼虫的聚集。成年猪也可以通过在其皮下脂肪内休眠的幼虫感染。

182. 猪类圆线虫病的诊断要点有哪些？

猪类圆线虫在临床上轻症时不表现明显临床症状，若虫体在肠内大量寄生，则病猪表现精神不振，消瘦，腹泻，腹部臌胀，腹痛，生长发育不良。幼虫进入肺脏可引起支气管肺炎和胸膜炎，若幼虫通过皮肤感染，会引起皮肤湿疹样变化，病程15～30 d，以3～4周龄仔猪发病严重，死亡率高达50%。当移行幼虫误入心肌、大脑或脊髓时，可发生急性死亡，死亡率可高达50%。

仔猪感染兰氏类圆线虫的症状则随感染强度的增加，从无临床症状到腹泻或血便、消瘦、贫血，甚至突然死亡。幼虫经皮肤感染，可引起宿主皮炎，常在皮肤上出现红斑，幼虫在移行时，可以引起宿主咳嗽、腹痛和呕吐。成虫寄生在猪十二指肠和空肠，虫体数量多时，引起肠黏膜水肿和溃疡，小肠黏膜充血、有斑点状出血，有时可见有深陷的溃疡，肠内容物恶臭。

183. 猪类圆线虫病如何防治？

（1）做好圈舍的卫生清洁，及时清除猪的粪便，并对粪便进行堆积发酵，保持圈舍地面干燥，可有效降低猪舍中发育的幼虫及自由生活世代的虫体数量。此外，应定期对猪群进行预防性驱虫。

（2）苯并咪唑类和左旋咪唑对猪体内寄生的兰氏类圆线虫具有较好的治疗效果。经治疗的动物需常规监测其粪便中虫卵至半年以上，以确定治疗效果。产仔前1~2周给母猪服用伊维菌素可控制虫体经乳汁传播。

184. 什么是猪食道口线虫病？

猪食道口线虫病又称结节虫病，是由食道口线虫寄生在猪的结肠内所引起的寄生虫病，主要引起大肠壁上形成结节而得名。

病原主要包括有齿食道口线虫、长尾食道口线虫和短尾食道口线虫。有齿食道口线虫虫体乳白色，雄虫长8~9 mm，交合刺长1.15~1.30 mm，雌虫长8.0~11.3 mm，尾长350 μm，寄生于结肠。长尾食道口线虫虫体呈灰白色，雄虫长6.5~8.5 mm，交合刺长0.9~0.95 mm，雌虫长8.2~9.4 mm，尾长400~460 μm，寄生于盲肠和结肠。短尾食道口线虫雄虫长6.2~6.8 mm，交合刺长1.05~1.23 mm，雌虫长6.4~8.5 mm，尾长81~120 μm，寄生于结肠。

感染性幼虫可以越冬，具有运动能力。散养猪在清晨、雨后和多雾时易感染。潮湿和不勤换垫草的猪舍中，感染也较多。感染性幼虫在室温22~24 ℃的湿润状态下，可生存达10个月。虫卵在

60 ℃高温下迅速死亡，干燥可使虫卵和幼虫致死。

185. 猪食道口线虫如何发育与传播？

食道口线虫属于直接发育型寄生虫，成虫寄生于猪的结肠或盲肠，产卵，随粪便排出体外，虫卵在适宜的条件下，经 1~2 d 孵出幼虫，再经 3~6 d 发育为感染性幼虫（第三期幼虫，L3）。宿主经口感染，感染性虫卵被猪食入或饮水时吞入 L3，幼虫在其肠内脱鞘。感染后 1~2 d，大部分幼虫在大肠黏膜下形成大小为 1~6 mm 的结节；感染后 6~10 d，幼虫在结节内第 3 次蜕皮成为 L4 幼虫，之后返回大肠肠腔，第 4 次蜕皮成为 L5 幼虫；感染后 38 d（仔猪）或 50 d（成年猪）发育为成虫。

186. 猪食道口线虫病的诊断要点有哪些？

猪食道口线虫病严重时大肠上才出现大量结节，并可能发生结节性肠炎。主要表现为粪便中带有脱落的黏膜、间歇性腹泻、消瘦、发育障碍等。幼虫对大肠壁的机械刺激和毒素作用，会造成肠壁上形成粟米粒状结节。继发细菌感染时，则发生化脓性结节性大肠炎，也有引起仔猪死亡的报道。

食道口线虫幼虫在肠黏膜下形成结节所致的危害性最大，可致局部肠壁增厚，黏膜充血，肠系膜肿胀，肉眼可见黏膜上的黄色小结，破裂后形成溃疡，如结节向浆膜破裂，则形成腹膜炎。也有幼虫进入肝脏，形成包囊。长尾食道口线虫的结节，高于肠黏膜表面，呈坏死性炎性反应，至感染 35 d 后开始消失。有齿食道口线虫的结节较小，消失较快。大量感染时，大肠壁普遍增厚，有卡他性肠炎。除大肠外，小肠特别是回肠也有结节发生。结节感染细菌时，可能发生弥漫性大肠炎。成虫阶段的致病力较轻微，有时可见肠溃疡。

187. 猪食道口线虫病如何防治？

（1）搞好猪舍和运动场的清洁卫生，保持干燥，及时清理粪便；保持饲料和饮水的清洁，避免幼虫污染。

(2) 每吨饲料中加入 0.12%的潮霉素 B，连喂 5 周，有抑制虫卵产生和驱除虫体的作用。

(3) 治疗时可使用左旋咪唑、噻苯达唑、康苯咪唑或伊维菌素等药物，按照说明剂量使用。

188. 猪胃圆线虫病的病原学特征有哪些?

猪胃圆线虫病是由毛圆科猪圆属的红色猪胃圆线虫寄生于猪胃黏膜内而引起的一种寄生虫病，主要表现为胃炎和代谢紊乱，散养猪多发。红色猪圆线虫虫体纤细，新鲜时呈红色，头部细小，有颈乳突。雄虫长 4~7 mm，交合伞发达，侧叶大，背叶小；交合刺两根，等长；有引器和副引器。雌虫长 5~10 mm，阴门在肛门稍前方。虫卵呈长椭圆形，灰白色，卵壳很薄，排出时含胚细胞 8~16 个，大小为 (65~83) μm× (33~42) μm。

189. 猪胃圆线虫如何发育与传播?

红色猪胃圆线虫成虫主要寄生于猪胃底部的小弯处，虫卵随粪便排到外界后，在适宜温度、湿度下，约经 30 h 孵出幼虫，两次蜕皮后，第 7 天发育为第 3 期感染性幼虫。宿主经口感染，幼虫到胃腔后，侵入胃腺窝停留 13~14 d，蜕皮两次后发育为第 5 期感染性幼虫，然后重返胃腔；感染后 17~19 d 发育为成虫。虫卵和幼虫均不耐干燥和低温，L3 可以在湿润的环境中爬行，运动场上有时有大量的幼虫。

各个年龄段的猪都可以感染，主要感染仔猪和育肥猪。母猪哺乳期间免疫力下降，受感染者较多，停止哺乳后可以自愈。感染主要发生于受污染的潮湿牧场、饮水处、运动场和圈舍，干燥的环境里不易发生感染。饲料中蛋白质不足时，容易发生感染。

190. 猪胃圆线虫病的诊断要点有哪些?

猪胃圆线虫病以胃炎和胃炎继发的代谢紊乱、贫血消瘦、食欲减退、渴欲增加、增重下降为特征。严重感染时，出现呕吐、贫血、体重减轻、排黑色粪便等症状。幼虫侵入胃腺窝时，由于虫体的机械性刺激和有毒物质的作用，引起胃底部小点出血，胃腺肥大，并形成扁豆大的扁平凸起或圆形结节，胃黏膜尤其是胃底黏膜红肿，有时覆有假膜。病变的程度主要取决于感染的虫体数量、感染的持续期和宿主机体的状况，成虫可引起慢性胃炎，黏膜显著增厚，并形成不规则的皱褶。在成年母猪，胃溃疡可向深部发展，并可能引起胃穿孔而死亡。

191. 猪胃圆线虫病如何防治？

（1）加强饲养管理，保持猪舍、运动场和饲养工具的清洁卫生，定期清扫和消毒，减少病原体的滋生。同时，确保猪的饮食卫生和营养均衡，以增强其抵抗力。

（2）粪便进行堆积发酵或无害化处理，以杀灭其中的虫卵和幼虫，减少病原体的传播。

（3）改善饲养环境。保持猪舍干燥，避免猪接触到潮湿的环境，因为潮湿的环境有利于线虫的生存和繁殖。

（4）猪胃圆线虫病的治疗可用苯并咪唑、伊维菌素、阿维菌素、左旋咪唑等药物，具体药物选择和剂量需要根据猪的体重和病情来确定。

192. 猪肺线虫病的病原学特征有哪些？

猪肺线虫病又称猪后圆线虫病，是由后圆科后圆属线虫寄生于猪的支气管和细支气管而引起的一种寄生虫病。常呈地方性流行，严重感染时可引起肺炎，对仔猪危害很大。后圆线虫呈丝状，乳白色或灰白色，口缘有1对分三叶的侧唇，食道略呈棍棒状。雄虫交合伞有一定程度的退化，侧叶大，背叶小；肋有不同程度的融合；交合刺1对，细长，末端有单钩或双钩。雌虫阴门紧靠肛门，阴门前有一角质膨大部（阴门球）；有的虫体后端向腹面弯曲，卵胎生。长刺后圆线虫雄虫长11～25 mm，雌虫长20～50 mm。虫卵呈椭圆形，卵壳厚，外膜稍显粗糙，大小为（51～54）μm×（33～36）μm，内含一卷曲的幼虫。

193. 猪肺线虫如何发育与传播?

后圆线虫的发育属间接发育型，其中间宿主为蚯蚓。雌虫在宿主气管和支气管内产卵，卵随黏液转移至口腔而被咽下，进入消化道，再随粪便排到外界。虫卵在潮湿的土壤中可存活 3 个月，因吸收水分，卵壳膨大而破裂，孵出第一期幼虫。蚯蚓吞食了虫卵或第一期幼虫而受感染。虫卵被吞食后，第一期幼虫在蚯蚓体内孵化，多数寄生于蚯蚓的食道壁、胃壁和大肠前段的肠壁中，少数进入心血管系统内；在蚯蚓体内发育 10~20 d，经 2 次蜕皮发育为感染性幼虫；幼虫在蚯蚓体内能存活 6 个月，之后进入消化道随粪便排至土壤中。当蚯蚓死亡或受伤时，幼虫也可从其体内逸出，进入外界环境的土壤中，继续存活 2~4 周。猪吞食了土壤中的感染性幼虫或有感染性幼虫的蚯蚓而被感染。蚯蚓被摄入时，在猪肠内释放出感染性幼虫，虫体钻入盲肠壁、大肠前段壁或肠淋巴结中，经 1~5 d 的发育，进行第 3、4 次蜕皮，再沿淋巴系统进入心脏、肺，钻出肺毛细血管，进入肺泡，再到细支气管、支气管和气管。感染后约 23 d 即可发育为成虫而排卵。感染后 5~9 周为产卵高峰期，以后产卵逐渐减少。成虫寿命约为 1 年。

194. 猪肺线虫病的诊断要点有哪些?

轻度感染的猪症状不明显，但影响生长和发育。瘦弱的仔猪(2~4 月龄）感染虫体较多，则病情严重，具有较高死亡率。病猪主要表现为食欲减少，消瘦，贫血，发育不良，被毛干燥无光；阵发性咳嗽，特别是早晚运动后或遇冷空气刺激时尤为剧烈，鼻孔流出脓性黏稠分泌物，严重病例呈现呼吸困难；有的病猪还发生呕吐和腹泻；在胸下、四肢和眼睑部出现浮肿。

对成年猪的致病力较轻微，病理变化主要见于肺，肉眼病变常不很显著。肺表面可见灰白色隆起呈肌肉样硬变的病灶，支气管内有黏稠分泌物和白色丝状虫体，膈叶腹面边缘有楔状肺气肿区，支气管壁增厚，支气管扩张，有坚实的灰色小结，小支气管周围呈现淋巴样组织增生和肌纤维肥大。

195. 猪肺线虫病如何防治？

（1）猪场内创造无蚯蚓的条件是杜绝本病的主要措施。猪舍、运动场等处应保持干燥，最好铺设水泥地面，对猪活动的地方，夯实松土或换沙土，防止蚯蚓滋生，流行地区可用 30%草木灰水淋湿运动场地，杀灭虫卵和蚯蚓。及时清扫粪便，设固定场所发酵。对散养猪应定期严格检查，一经发现立即驱虫。

（2）做好定期消毒等工作。发生本病时，应及时隔离病猪，在治疗病猪的同时，对猪群中的所有猪进行药物预防，并对环境彻底消毒。治疗可选用左旋咪唑、丙硫苯咪唑、乙胺嗪、苯硫咪唑或伊维菌素等药物驱虫。对肺炎严重的病猪，在驱虫的同时给予青霉素、链霉素等抗生素治疗，防止继发感染，有助于肺炎的痊愈。

（3）治宜驱杀虫体。

方案 1. 碘片 1 g、碘化钾 1 g、蒸馏水 1 500 mL，混匀灭菌后气管内注射，按每 1 kg 体重 0. 5 mL 用药，间隔 2～3 d 后重复使 用 1 次，连用 3 次。

方案 2. 左旋咪唑 400 mg，一次喂服，按每 1 kg 体重 8 mg 用药。

方案 3. 百部 24～60 g 煎汁，一次灌服，每天 1 剂，连用 2～3 剂。

196. 猪肾虫病的病原学特征有哪些？

猪肾虫病是由冠尾科冠尾属的有齿冠尾线虫寄生于猪的肾盂、肾周围脂肪和输尿管等处而引起，也称猪冠尾线虫病。病猪生长迟缓，母猪不孕或流产，甚至造成死亡。该病分布广泛，危害性大，常呈地方性流行。有齿冠尾线虫虫体粗壮，形似火柴杆，呈灰褐色，体壁较透明，其内部器官隐约可见。雄虫长 20～30 mm，交合伞小，2 根交合刺；雌虫长 30～45 mm。虫卵呈长椭圆形，较大，灰白色，两端钝圆，大小为（99. 8～120. 8）μm×（56～63）μm。

本病多发生于我国南方气候温暖的多雨季节，猪感染多发生在每年的3~5月和9~11月。感染性幼虫多分布于猪舍的墙根和猪排尿的地方，其次是运动场中的潮湿处。猪往往在拱土时摄入幼虫，或在躺卧时因感染性幼虫钻入皮肤而被感染。

197. 猪有齿冠尾线虫如何发育与传播？

有齿冠尾线虫感染有3种途径，经口感染、经皮肤感染和食入含有感染性幼虫感染。成虫寄生于猪的肾和肾周围脂肪囊内，产卵后，虫卵随尿排出体外，在适宜的温度与湿度条件下，经1~2 d孵出第一期幼虫。经2~3 d，第一期幼虫经过第一、二次蜕皮，发育为第三期感染性幼虫。第三期幼虫可以经口和皮肤感染猪。经口感染后，幼虫钻入胃壁，经3 d发育为第四期幼虫，随血流进入肝；经皮肤感染的幼虫钻进皮肤和肌肉，经约70 h发育为第四期幼虫，随血流经肺和大循环（体循环）进入肝。幼虫在肝停留3个月或更长时间，穿过包膜进入腹腔，移行至肾或输尿管组织中发育为成虫，并形成包囊。少数误入其他器官的幼虫不能发育为成虫而死亡。从幼虫侵入猪体到发育为成虫，一般需经6~12个月。

198. 猪肾虫病的诊断要点有哪些？

病猪消瘦、生长发育停滞和腹水等。患病初期，猪皮肤出现丘疹和红色小结节，体表局部淋巴结肿大。之后表现为食欲减退，精神萎靡，逐渐消瘦，贫血，被毛粗乱；进而出现后肢无力，跛行，后躯麻痹或后躯僵硬，不能站立；尿液常有白色黏稠的絮状物或脓液，仔猪发育停滞，母猪不孕或流产，公猪性欲降低或失去交配能力。严重的病猪多因极度衰弱而死亡。

有齿冠尾线虫幼虫致病力较强，幼虫钻入皮肤时，常引起化脓性皮炎，皮肤发生红肿和小结节，尤以腹部皮肤最常发生。幼虫在猪体内移行时，可损伤各种组织，其中以肝最严重。肝肿大变硬，结缔组织增生，切面上可看到幼虫钙化的结节；肝门静脉中有血栓，内含幼虫。肾盂有脓肿，结缔组织增生；输尿管管壁增厚，常有数量较多的包囊，内含成虫；有时膀胱外围也有类似的包囊。腹腔内腹水较多，并可见到成虫。在胸膜和肺中也可发现结节和脓肿，在脓液中可找到幼虫。幼虫移行至脊柱腔内，压迫脊髓可致后肢瘫痪。

199. 猪肾虫病如何防治？

（1）管理好粪便，防止病原污染猪舍及运动场等外界环境，保持猪舍及运动场的干燥卫生。定期消毒，漂白粉具有较稳定的杀虫卵效力，配制成含 1%有效氯的溶液，每平方米面积的运动场需喷药500 mL左右，应现用现配。夏季每隔 3~4 d 喷 1 次，冬季每月喷 1 次。

（2）发现病猪应隔离治疗或肥育后屠宰处理。

（3）治宜驱杀虫体。

方案 1. 丙硫咪唑 1 g，拌料，一次喂服，按每 1 kg 体重 20 mg 用药。

方案 2. 中药制剂治疗。

【处方】槟榔 、贯众、鹤虱、苦楝皮、蛇床子各 9 g，甘草6 g。水煎，10~20 kg 幼猪一次灌服。

200. 猪鞭虫病的诊断要点有哪些？

猪鞭虫病是由猪鞭虫（猪毛首线虫）引起的一种猪肠道线虫病，又称猪毛首线虫病，感染轻者一般无明显症状，当寄生上百条时才可出现症状，如轻度贫血、间歇性腹泻、日渐消瘦、被毛粗乱。严重感染即当寄生虫体达数千条时，会发生精神沉郁，食欲减少，结膜苍白，贫血，顽固性腹泻，粪稀薄、有时带血丝或血便，身体虚弱，弓腰吊腹，行走摇摆。体温 39. 5~40. 5 ℃，死前排水样血色粪，带黏液。最后因呼吸困难、脱水、极度衰竭而死亡。

盲肠和结肠出现出血性坏死、水肿和溃疡，还有结节虫病所类似的结节，结节中含有虫体或虫卵。

201. 猪鞭虫病如何防治？

（1）搞好栏舍卫生，定期消毒或铲去一层表土，粪便发酵处理，以消灭虫卵；仔猪断奶时应驱虫 1 次，经 1.5~2 个月后再驱虫 1 次。

（2）治疗时可采用噻咪唑 25 mg/kg 口服，或配成3%~10%浓度，15~20 mg/kg，肌内注射；丙硫苯咪唑 20 mg/kg 口服，36 h后即可排虫；左旋咪唑 7.5 mg/kg 口服或肌内注射；羟嘧啶 2~4 mg/kg，灌服，严禁注射。

202. 猪旋毛虫病的病原学特征有哪些？

猪旋毛虫病是由毛形科毛形属线虫引起的一种呈世界性分布的食源性人畜共患寄生虫病，其中尤以旋毛形线虫（俗称旋毛虫）危害比较广泛和严重。成虫寄生于肠管，幼虫寄生于横纹肌，严重感染时表现为高热，泻痢，消瘦，肌肉僵硬和疼痛，呼吸困难，眼睑和四肢水肿。

旋毛虫成虫寄生于宿主小肠中，被称为肠旋毛虫。虫体细小，呈毛发状，白色，表皮光滑。虫体前部较细，为食道部，占虫体总长的 1/3~1/2，虫体后部较粗，包含着肠管和生殖器官。雄虫大小为（1.4~1.6）mm×（0.04~0.05）mm，尾端有泄殖孔，其外侧为 1 对呈耳状悬垂的交配叶，内侧有 2 对小乳突，无交合刺。雌虫大小为（1.3~3.7）mm×（0.04~0.06）mm，尾端钝圆，生殖孔位于虫体前部（食道部）的中央，生殖方式为胎生。新生幼虫为圆柱状或棒状，两端钝圆，长 0.08~0.12 mm。具有感染性的第一期幼虫，寄生在宿主的肌肉组织中，被称为肌旋毛虫。虫体两端钝圆，卷曲在呈梭形的包囊中，由于在虫体的假体腔内含有血红蛋白，因此呈现淡橙红色，大量幼虫集中时这一特征更为明显。

203. 猪旋毛虫如何发育与传播？

人或动物因生食或半生食含有肌旋毛虫的肉类而被感染。在胃内，肌旋毛虫包囊被胃蛋白酶消化，虫体释放出来，这个过程仅需数分钟即可完成。随即感染性幼虫进入十二指肠和空肠内，6 h 即侵入肠黏膜上皮细胞，31 h 后发育为成虫并进行雌雄交配，交配后的雄虫不久便死去，雌虫钻入肠腺或黏膜下的淋巴间隙中发育，96 h

后雌虫开始产出新生幼虫，幼虫长 0.08～0.12 mm，直径约 7 μm，每条雌虫一生中可以产幼虫 1 500～2 000 条，雌虫的寿命为 3～4 周。少数新生幼虫可自肠腔排出，但绝大多数新生幼虫侵入局部黏膜内的小静脉和淋巴管，随着血液循环和淋巴循环到达全身器官、组织及体腔，其中主要寄生部位为横纹肌细胞，在此发育为感染性幼虫。从动物经口感染到下一代发育为感染性幼虫需 17～21 d。

204. 猪旋毛虫病的诊断要点有哪些？

旋毛虫对猪和其他野生动物的致病力轻微，猪对本病具有很大的耐受性，且症状与虫体寄生部位有关。病猪轻微感染多不表现症状，但体内带虫，或出现轻微肠炎。严重感染时，体温升高，下痢，便血；有时呕吐，食欲减退，迅速消瘦，半个月左右死亡，或者转为慢性。幼虫进入肌肉引起肌肉急性发炎、疼痛和发热，有时吞咽、咀嚼、运步困难和眼睑水肿，1 个月后症状消失，耐过猪成为长期带虫者。

幼虫侵入肌肉时，肌肉急性发炎，表现为苍白色，切面上有针尖大小的白色结节。成虫侵入小肠上皮时，引起肠黏膜发炎，表现为黏膜肥厚、水肿，炎性细胞浸润，渗出增加，肠腔内容物充满黏液，黏膜有出血斑，偶见溃疡出现。

205. 猪旋毛虫病如何防治？

（1）提高公民的卫生意识是预防的关键，平时搞好公共卫生，加强饲养管理，动物尸体焚烧或深埋。

（2）加强检疫，发现病猪、病猪肉严格按照《食品卫生检疫法规》和《动物卫生检疫法规》进行处理。

（3）选择阿苯达唑、甲苯达唑、丙硫咪唑等对旋毛虫病具有驱杀成虫和肌肉中的幼虫的药物，如丙硫咪唑按每 1 kg 体重 15 mg 喂服，每天 1 次，连用 3 周。

206. 猪棘头虫病的病原学特征有哪些？

猪棘头虫病是由少棘吻科巨吻属的蛭形巨吻棘头虫寄生于猪的十二指肠后段和空肠引起的一种人畜共患的寄生虫病。蛭形巨吻棘头虫是一种大型寄生虫，形态类似猪蛔虫，新鲜虫体呈淡红色。虫体前部粗后部细，虫体表面有环状皱纹。体前有可伸缩的吻突，呈球形，吻突上有 5 ~ 6 列呈螺旋形排列的吻钩。雄虫体长 50 ~ 113 mm，雌虫体长 310 ~ 692 mm。虫卵呈深褐色的卵圆形，大小为（87 ~ 102）μm×（42 ~56）μm。成熟虫卵内含有棘头蚴，棘头蚴前端有一环状结构，上面有许多小棘。

207. 巨吻棘头虫如何发育与传播？

巨吻棘头虫成虫寄生于猪的小肠，产卵后卵随粪便排出体外，每条雌虫每天可产 25 万余个虫卵，最高可达 68 万个，持续时间可达 10 个月。中间宿主为金龟子幼虫（蛴螬）、食粪甲虫等，虫卵被吞食后，释放出幼虫即棘头蚴，棘头蚴穿过中间宿主的肠壁进入体腔，发育成棘头体，棘头体呈圆柱形，大小为（4. 2 ~ 5. 4）μm×（1. 68 ~ 1. 92）μm，虫体吻部有 5 ~ 6 列呈螺旋形排列的吻钩，每列 6 个。从虫卵进入中间宿主至发育为棘头体，需 45 ~ 60 d，再经 2 ~ 3 个月后棘头体发育为棘头囊。散养猪拱土吃到含棘头囊的中间宿主而被感染。在猪的消化道内，棘头囊破囊而出，以其吻突固定在小肠壁上，经 3 ~ 4 个月发育为成虫。虫体在猪体内寄生时间可达 10 ~ 24 个月。

208. 猪棘头虫病的诊断要点有哪些？

感染轻微时，一般不表现临床症状。

严重感染时，病猪体温升高到 41 ℃，食欲减退或废绝，出现腹泻、粪便带血、腹痛、卧地等症，病死猪消瘦、贫血、黏膜苍白等。

虫体的吻突钻入肠壁，浆膜面形成结节，引起肠黏膜发炎，肠黏膜上有豌豆大小的红色或淡黄色结节，结节周围有鲜红色的充血带，发生坏死、溃疡。若虫体穿过肠壁，进入腹腔则引起肠粘连或急性腹膜炎。虫体较大、寄生的虫体数量较多时则引起肠梗阻。

209. 猪棘头虫病如何防治？

（1）流行地区的猪定期驱虫，消灭中间宿主。猪粪便集中发酵等。

（2）发病后，全群驱虫。治宜驱杀虫体。

方案 1. 左旋咪唑 200～400 mg，一次肌内注射，按每 1 kg 体重 4～8 mg 用药。

方案 2. 丙硫咪唑 250 mg，一次口服，按每 1 kg 体重 5 mg 用药。

方案 3. 雷丸、槟榔、鹤虱各 5 g，共研末，一次喂服。

210. 猪姜片吸虫病的流行特点有哪些？

猪姜片吸虫病是由片形科姜片属的布氏姜片吸虫寄生于猪和人的十二指肠和空肠引起的寄生虫病。犬、兔、猴可作为储存宿主，不同品种、不同年龄的猪均可感染，主要感染 5～8 日龄的仔猪，5～10 月发病率高。该病属于地方性流行病，主要发生于水生饲料为主的地区。

布氏姜片吸虫是一种大型吸虫，成虫大小为（30～75）mm×（8～20）mm，虫体椭圆形，较厚，两条肠管呈波浪状弯曲，不分支，伸达体后端。虫卵呈椭圆形，黄褐色，卵壳薄，大小为（130～150）μm×（85～97）μm，有卵盖，内含一个卵细胞，卵黄细胞有 30～50 个，密而互相重叠。其生活史需要淡水螺作为中间宿主，在中间宿主体内发育期平均为 50 d。水生植物作为传播媒介，囊蚴附着在菱角、水浮莲、水浮芦、浮萍、日本水仙、满江红、清萍、金鱼藻、茭白和荸荠等水生植物上。猪因摄食这些带有囊蚴的水生植物而被感染。囊蚴进入猪的消化道后破囊而出，幼虫吸附在宿主小肠黏膜上生长发育，经历约 100 d 发育为成虫。我国南方各地也普遍存在，主要在散养猪中流行。

211. 猪姜片吸虫病的诊断要点有哪些？

布氏姜片吸虫主要寄生于猪的十二指肠，临床上寄生数量少时症状不明显。寄生数量多时，病猪表现精神沉郁，眼睑肿胀，眼结膜苍白，低头弓背，腹部水肿、腹泻；随着病情加重，逐渐消瘦和贫血，粪便中含有大量黏液，病猪生长速度非常缓慢，发育受阻，甚至成为侏儒猪。

病理变化为肠黏膜损伤、溃疡出血，黏液分泌增强，发生卡他性炎症。严重感染时虫体堵塞肠道，引起肠破裂或肠套叠，病灶处出血、发炎、瘀血、坏死。虫体的毒素或过敏性代谢物会被宿主吸收，导致机体水肿、贫血。

212. 猪姜片吸虫病如何防治？

（1）要保证环境卫生，对粪便进行发酵处理，避免流入池塘。切勿在有姜片吸虫囊蚴的池塘内打捞水草喂猪。在池塘中撒些生石灰或十万分之一的硫酸铜消毒，消灭中间宿主。定期驱虫，每年夏季和秋季末各进行一次驱虫。

（2）每年对猪群进行两次预防性驱虫，可减少传染源，驱虫后的粪便进行无害化处理，同时应避免用水生植物饲喂猪。

（3）发病后，全群驱虫。治宜驱杀虫体。

方案 1. 吡喹酮 15 mg/kg 体重，或阿苯达唑 15 mg/kg 体重，或硝硫氰胺 3~6 mg/kg 体重，一次喂服。

方案 2. 中药制剂治疗。

【处方】槟榔 15~30 g、木香 5 g，水煎，早晨空腹一次喂服，连用 2~3 次。

213. 猪囊尾蚴病的病原学特征有哪些？

猪囊尾蚴病也称猪囊虫病，是由带科带属的猪带绦虫的幼虫——猪囊尾蚴引起的人畜共患寄生虫病。猪囊尾蚴是有钩绦虫的幼虫，寄生在肌肉和其他器官，以舌肌、咬肌、肩腰部肌、股内侧肌及心肌较为常见，严重时全身肌肉以及脑、肝、肺甚至脂肪内也能发现。有囊尾蚴寄生的猪肉称为“米猪肉”“豆猪肉”或“米糁子猪”。成虫寄生于人的小肠，引起人的绦虫病；幼虫（囊尾蚴）主要寄生于人和猪等中间宿主的肌肉或脑部，引起囊尾蚴病。猪囊尾蚴病不但造成养猪业的巨大经济损失，而且严重危害人类健康。

猪囊尾蚴呈椭圆形囊泡状，大小为（6~10）mm×5 mm。包囊乳白色，囊内充满透明液体，囊壁为一层薄膜，壁上有一个圆形粟粒大的乳白色内陷头节，头节上有 4 个吸盘。头节最前端为顶突，其上有 22~32 个角质小钩，分两圈交错排列。在胆汁的刺激下，囊尾蚴的头节可外翻出来。囊尾蚴包囊的大小与寄生的数量、时间长短有关。寄生的数量越多，包囊越小；寄生时间越长，包囊越大，头节也明显增大；随寄生时间延长，囊液可变黄、变混浊，包囊甚至会钙化。猪带绦虫成虫由 700~1 000 个节片组成，长 3~5 m。头节呈圆球形，直径约 1 mm，上有吸盘、顶突和钩。颈节窄而短，宽度约为头节直径的一半，长 5~10 mm。链体中的幼节较短，宽度大于长度。成节的长度和宽度几乎相等而呈正方形，每个节片有雌雄各一组生殖器官，睾丸呈泡状，数目为 150~200 个，分散于节片的背侧。卵巢除分左右两大叶外，在生殖孔一侧还有一副叶。子宫初期为一直管，后期逐渐分化，向两侧分支。孕节位于虫体的末端，长度远大于宽度，内部其他器官已经退化，只剩下发达的子宫，子宫每侧分出 7~12 对侧支，内充满虫卵，每个孕节含虫卵数 3 万~5 万个。孕节可自链体脱落，随宿主粪便排出体外，给环境造成严重污染。虫卵呈圆形，直径31~43 μm。卵壳有两层，外壳薄，易脱落，也叫真壳；内层较厚，浅褐色，有辐射状纹理，称胚膜或持胚器。卵内含有具 3 对小钩的胚胎，称为六钩蚴。

214. 猪囊尾蚴如何发育与传播？

猪带绦虫（成虫）寄生于人的小肠，孕节自链体脱落后，随粪便排出体外，节片内的虫卵释放出来，污染外界环境和食物。虫卵被中间宿主猪或人吞食后，在消化道经机械和化学作用，六钩蚴逸出，钻入肠黏膜，经由血液循环到达横纹肌等适于发育的组织或器官中，体积增大，逐渐形成一个充满液体的囊泡体。大约 20 d 后囊上出现凹陷，2 个月后在凹陷处形成头节，长出吸盘和有钩的顶突，发育为具有感染性的囊尾蚴。从虫卵被摄入到发育为具有感染性的囊尾蚴大约需要 2 个月。猪囊尾蚴在宿主体内可存活数年，后因钙化而死亡。人因摄食生的或未煮熟的含有囊尾蚴的猪肉而感染，当感染性囊尾蚴到达人的小肠，头节翻出并吸附于肠壁上，从颈节开始长出链体，经 2~3 个月发育为猪带绦虫，引起猪带绦虫病。

215. 猪囊尾蚴病的诊断要点有哪些？

猪感染囊尾蚴一般无明显症状。病猪可能出现两肩显著外张，臀部不正常地肥胖宽阔而呈哑铃状或狮体状体形，极严重感染的猪可能有营养不良、生长迟缓、贫血和水肿等症状。某些器官严重感染时可能出现相应的症状。如侵害与呼吸有关的肌群、肺和喉头时，出现呼吸困难、声音嘶哑和吞咽困难等症状；寄生于眼时，有视力障碍甚至失明症状；寄生于脑时，有癫痫和急性脑炎症状甚至死亡。

猪囊尾蚴主要寄生于横纹肌，有时也可寄生于肺、肝、肾、脑等部位，猪囊尾蚴在肌纤维间清晰可见，虫体周围是由结缔组织形成的包囊，在虫体与包囊之间形成一新月形的变性溶解区，此区可为虫体的生长发育提供空间。初期在囊尾蚴周围有炎性细胞浸润，继之发生纤维病变，镜检可见巨噬细胞侵入包囊，吞噬死亡崩解的虫体。

216. 猪囊尾蚴病如何防治？

（1）加强生猪的集中屠宰和肉品检验，严禁私屠乱宰和未经检验的猪肉上市销售，对猪囊尾蚴感染的肉品应进行无害化处理。

（2）流行严重地区的猪采用奥芬达唑治疗和 TSOL18 重组疫苗免疫相结合的综合防控措施是防控本病的重要措施。

（3）治宜驱杀虫体。可选用丙硫咪唑、苯硫咪唑、吡喹酮、氯硝柳胺及南瓜子和槟榔碱合剂等。如丙硫咪唑，一次口服，按每

1 kg体重 20~50 mg 用药；吡喹酮 2.5~4 g，喂服或溶入消毒的液体石蜡中配成20%悬液，一次颈部肌内注射，按每 1 kg 体重 50~80 mg 用药，隔 2 d 再用药一次。

217. 猪细颈囊尾蚴病的病原学特征有哪些？

猪细颈囊尾蚴病是由带科带属的泡状带绦虫的幼虫寄生于猪的肝浆膜、大网膜和肠系膜等处所引起的一种常见绦虫蚴病。细颈囊尾蚴呈泡囊状，内含透明液体，大小不等，可从 1 cm 到鸡蛋大或更大；囊壁薄，在其一端的延伸处有一白色头节，头节上有两圈小钩，虫体多悬垂于腹腔脏器上，俗称“水铃铛”。寄生于脏器的囊体，其外由一层由宿主组织反应产生的厚膜所包围，故不透明，易与棘球蚴混淆。泡状带绦虫（成虫）呈乳白色或稍带黄色，体长可达 5 m，头节上有顶突和 26~46 个小钩。孕节充满虫卵，子宫侧支为 5~16 对。虫卵为卵圆形，内含大小为（36~39）μm×（31~35）μm 的六钩蚴。

中间宿主多为猪，也可见于牛、羊。终末宿主为犬、狼、狐等犬科动物。成虫寄生于终末宿主小肠内，虫卵随粪便排出体外后，污染饲料、草场和饮水。细颈囊尾蚴被终末宿主吞食后，在小肠内经过 52~78 d 即可发育为成虫。该病流行广泛，呈世界性分布。主要流行于放牧或散养猪，尤其仔猪易感。

218. 猪细颈囊尾蚴病的诊断要点有哪些？

病猪表现不安、流涎、不食、腹泻和腹痛等症状，可能造成仔猪死亡。慢性疾病多发生在幼虫自肝脏移行出来之后，一般不表现临诊症状，有时病畜会出现精神不振、食欲消退、消瘦、发育不良等症状，大量寄生时，呈现消瘦、衰弱、腹围增大。有时幼虫移行至腹腔或胸腔可引起腹膜炎和胸膜炎，表现出体温升高等症状。严重感染急性发作的病猪，呈现减食或不食、黄疸、尿黄、耳尖发紫等症状，有的病猪臀部也发紫。

219. 猪细颈囊尾蚴病的病理变化有哪些？

急性死亡病猪，腹腔内充满血样腹水，其中悬浮有大量白色米粒样虫体，肝脏肿大，呈斑状出血，肝实质中有虫体移行的孔道，有时出现腹水并混有渗出的血液，有的虫体自肝表面逸出；慢性病例肝包膜、肠系膜、网膜上具有数量不等、大小不一的包囊，严重时还可在肺、胸腔和食道处发现包囊。成年动物被细颈囊尾蚴寄生后症状一般不明显。幼畜发病时表现为发热、贫血、黄疸、黏膜苍白；伴有急性腹膜炎时，腹部增大，腹水，并有压痛和体温升高的现象。泡状带绦虫寄生于犬时，往往不引起明显的临床症状。

220. 猪细颈囊尾蚴病如何防治？

（1）预防主要是防止犬进入猪舍内散布虫卵，污染饲料和饮水；用吡喹酮和氯硝柳胺等定期驱虫。

（2）改善饲养管理条件，注意环境卫生，定期消毒，及时处理粪便和废弃物，以减少虫卵的传播。

（3）发病后选用阿苯达唑、吡喹酮等药物治疗，如吡喹酮按照50~100 mg/kg 体重，一次喂服，每天 1 次，连用 2 次。使用葡萄糖、复合维生素、氨基酸等进行对症治疗，贫血严重的病猪注射右旋糖酐铁等。

221. 猪棘球蚴病的病原学特征有哪些？

猪棘球蚴病是由于感染棘球绦虫的幼虫（棘球蚴）所致的慢性寄生虫病，是一种危害严重的人畜共患病，又称为包虫病。病原是细粒棘球绦虫，虫体长 2~6 mm，由 1 个头节和 3~4 个节片组成。头节直径约 0.3 mm，具有 4 个圆形吸盘和 1 个顶突，顶突上有两圈排列的小钩，数目为 28~50 个。吸盘之后，虫体变窄为颈节，其后为 1 个短的未成熟节片，再后是 1 个成熟节片，内含 1 套雌雄生殖器官。最后 1 个节片是孕卵节片，子宫向两侧形成侧枝，子宫内充满虫卵。

222. 猪棘球蚴病的诊断要点有哪些?

感染轻微时一般不表现出临床症状，感染严重后表现为食欲减退，腹泻，粪便带血，腹痛卧地。发生穿孔时，体温升高到41 ℃。

虫体的吻突钻入肠黏膜，并深入浆膜形成结节，引起肠黏膜发炎，壁组织的严重机械损伤，附着部位可发生坏死、溃疡。有时虫体穿过肠壁进入腹腔，引起黏膜炎或腹膜炎。病死猪消瘦，贫血，黏膜苍白，小肠（主要是空肠和回肠）的黏膜上可见豌豆大小的红色或淡黄色结节，结节周围有红色的充血带，肠黏膜发炎，肠壁增厚，有溃疡灶，并有大量虫体附着于肠黏膜上或游离于肠腔内。

223. 猪棘球蚴病如何防治?

（1）加强饲养管理，确保饲料和饮水的卫生安全，避免猪接触到被污染的饲料和饮水。

（2）切断传播途径，防止人、犬、猫等终末宿主与猪接触，避免虫卵的传播。猪舍内不允许猫、犬等随意进入，其排出的粪便必须采取无害化处理，以防止对土壤、饮水和饲料造成污染。

（3）发现疑似猪棘球蚴病的猪应立即进行隔离，并采取单独饲养和观察。

（4）治宜驱杀虫体，可选用吡喹酮2.5~4 g，喂服或溶入消毒的液体石蜡中配成20%的悬液，一次颈部肌内注射，按每1 kg体重50~80 mg用药，隔2 d再用药一次。

（5）对于病情严重的猪，外科手术为根治本病的首选方法。手术时应先抽取囊液，然后摘除内囊。术后需进行适当的护理和恢复。

224. 猪弓形虫病的病原学特征有哪些?

猪弓形虫病是由肉孢子虫科弓形虫属的弓形虫寄生于猪体内引起的寄生虫病。弓形虫的宿主范围非常广泛，几乎所有的温血动物均可感染，我国已将弓形虫病列为二类动物疫病。弓形虫只有一个种，但根据不同分离株基因组上特殊位点的序列特征及其他生物学特性，可分为Ⅰ型、Ⅱ型、Ⅲ型不同毒力的3种基因型及多个非典型性基因型。我国已经发现3种基因型的虫株，其中以中华1型（Chinese 1）最为常见。

弓形虫完成全部发育过程需要2个宿主，在终末宿主的肠上皮细胞内进行球虫型发育，在中间宿主的有核细胞内进行无性繁殖。猫和其他猫科动物既是弓形虫的终末宿主又是中间宿主。中间宿主极其广泛，可寄生于几乎所有温血动物的有核细胞内。弓形虫的生活史分为5个阶段，速殖子期、缓殖子期、裂殖体期、配子体期以及卵囊期。速殖子呈香蕉形或半月形，长4~8 μm，宽2~4 μm。前段尖，后段稍钝圆，核位于中央。经吉姆萨或瑞氏染色后胞质呈蓝色，胞核呈紫红色。包囊也称组织囊，缓殖子在带虫空泡内进行缓慢分裂增殖，外围由包囊壁包被。包囊呈卵圆形或椭圆形，大小变化较大，最小的包囊直径仅5 μm，含2个缓殖子，但成熟的包囊直径可达70~100 μm，内含数千个虫体。卵囊在终末宿主猫科动物的肠上皮细胞内形成，随粪便排出，新鲜卵囊未孢子化，圆形或椭圆形，平均大小为10 μm×12 μm。孢子化卵囊含有残体和2个孢子囊，每个孢子囊内含4个子孢子。

225. 猪弓形虫如何发育与传播？

弓形虫速殖子、缓殖子和子孢子均可入侵宿主的有核细胞，以二分裂的方式反复在宿主体内产生大量的速殖子（速殖子期）。大部分的速殖子被宿主免疫系统清除，然而少数的速殖子可转化为缓殖子即进入缓殖子期，在宿主的肌肉以及生脑组织中形成包囊（缓殖子）。含缓殖子的包囊可逃避宿主免疫系统的清除，长期生存。当宿主免疫机能下降时，包囊中的缓殖子则释放再次转化为速殖子，以二分裂的方式反复增殖，对宿主造成损伤。速殖子、包囊中的缓殖子和卵囊中的子孢子均可感染终末宿主，首次感染猫科动物后均能在其小肠上进行有性生殖，但是猫科动物首次感染速殖子以及卵囊后只有小于50%的概率排出卵囊，而感染包囊后则几乎100%产生卵囊。猫吞食包囊后，包囊壁在胃和小肠消化液的作用下释放出缓殖子，在肠上皮进行裂殖生殖，产生不同形态的裂殖体，每种类型的裂殖体经过数代裂殖生殖后转化为雄配子和雌配子，雄配子和雌配子结合形成合子。合子转化为未孢子化的卵囊，随猫的粪便排出体外，在外界适宜的环境下，未孢子化的卵囊转化为具有感染性的孢子化卵囊。

226. 猪弓形虫病的诊断要点有哪些？

猪是对弓形虫最为敏感的家畜，可呈急性暴发性流行。表现为病猪突然废食，体温升高至41 ℃以上，稽留7~10 d；食欲减退，精神萎靡，不喜运动，呼吸急促，呈腹式呼吸或犬坐式呼吸，流清鼻涕；眼内出现浆液性或脓性分泌物；常出现便秘，粪便呈粒状，外附黏液，有的病猪在发病后期腹泻，尿呈橘黄色。少数出现呕吐，病猪精神沉郁，显著衰弱。发病后数日出现神经症状，后肢麻痹。随着病情的发展，在耳翼、鼻端、下肢、股内侧、下腹部等处出现紫红色斑或间有小点出血。有的病猪在耳上形成痂皮，耳尖发生干性坏死。最后因极度呼吸困难和体温急剧下降而死亡。仔猪发病尤为严重，多呈急性发病经过。妊娠猪常发生流产或死胎。有的病猪耐过急性期后转为慢性感染，外观症状消失，仅食欲和精神稍差，最后变为僵猪。妊娠母猪的症状主要为发生流产和产出死胎，一般情况下分娩以后可自愈。

急性病例出现全身性病变，淋巴结、肝、肺和心等器官肿大，并有许多出血点和坏死灶；肠道重度充血，肠黏膜上常可见到扁豆大小的坏死灶；肠腔和腹腔内有大量渗出液，病理组织学变化为网状内皮细胞和血管结缔组织细胞坏死，有时肿胀和细胞浸润，细胞内和细胞外都可见速殖子。急性病变主要见于幼畜。

慢性感染的病理变化主要表现在肌肉和中枢神经系统（特别是脑组织）内见有包囊，有不同程度的胶质细胞增生和肉芽肿性脑炎。

227. 猪弓形虫病如何防治？

（1）禁止用未经检验的动物组织、器官及流产组织等喂各种动物，人禁食未经检疫的生肉或未煮熟的肉类，防止肉中包囊感染动物和人。

（2）搞好猪场及周边环境卫生，定期进行消毒，做好灭鼠工作，严禁猫及各种小动物进入圈舍，对患病家畜及其一切排泄物、流产组织必须严格执行无害化处理，防止污染环境，严防公共卫生隐患。同时加强科普宣传，提高饲养人员对弓形虫病的认识和防控意识。

（3）常用于治疗动物弓形虫病的磺胺类药物有磺胺甲氧吡嗪、磺胺间甲氧嘧啶、磺胺嘧啶等。

方案 1. 磺胺-5-甲氧嘧啶按 60~80 mg/kg 体重用药，一次肌内注射，首次量加倍，连用 3~5 d 以上。

方案 2. 磺胺嘧啶按 70 mg/kg 体重用药，二甲氧苄氨嘧啶按 14 mg/kg 体重用药，混匀一次喂服，每天 2 次，连用 3 d 以上。

方案 3. 磺胺甲氧吡嗪按 30 mg/kg 体重、甲氧苄氨嘧啶按 10 mg/kg体重，一次内服，每天 1 次，连用 3~4 d。

228. 猪肉孢子虫如何发育与传播？

猪肉孢子虫病是由肉孢子虫科的肉孢子虫寄生于猪的骨骼肌和心肌等处而引起的一种人畜共患寄生虫病。猪是肉孢子虫的中间宿主，猪有 3 种肉孢子虫，米氏肉孢子虫、猪人肉孢子虫和猪猫肉孢子虫，其中米氏肉孢子虫和猪人肉孢子虫流行最为广泛且致病性最强。终末宿主吞食了含米氏囊的中间宿主的肌肉后，米氏囊在其小肠中进行配子生殖产生卵囊，常在肠内破裂逸出孢子囊，随粪便排出。孢子囊被中间宿主吞食后，经血流到达各脏器，进行一代或几代裂殖生殖后，产生的裂殖子侵入肌纤维形成米氏囊。

229. 猪肉孢子虫病的诊断要点有哪些？

少量虫体感染时机体症状并不明显，当虫体寄生情况严重时，病猪食欲减退，体温升高，腹泻，甚至后肢一时性瘫痪，肌肉褪色，呈水样。

在猪的食道中、心肌以及膈肌中能发现虫体。肾脏颜色苍白，胃肠黏膜充血，胸腹部积液，病猪的肌肉分布一些小白点，在肌纤维中可见米氏囊，小囊的周围存在细胞浸润。有时出现肌肉萎缩，能看见结晶的颗粒，但并没有幼虫的存在。

230. 猪肉孢子虫病如何防治？

（1）加强饲养管理，保证饲料和饮水的卫生，避免使用生肉喂养犬、猫，并禁止犬、猫接触猪及饲料，以减少感染的机会。

（2）加强肉品卫生检验，严格检查并挑出寄生有猪肉孢子虫的脏器、组织，防止猪和肉食动物摄食。对于发现虫体较多且肌肉有病变的猪肉，应作工业原料处理或销毁，无病变的猪肉煮熟后方可利用。

（3）加强宣传教育，让人们了解食用生的或不熟的猪肉、牛肉的危害性，提高公众对食品安全的认识。

（4）目前，猪肉孢子虫病尚无特效治疗药物。发现病猪可根据临床症状对症治疗或淘汰处理。临床可使用复方新诺明、甲硝唑和乙胺嘧啶等药物，遵循兽医的指导，并密切观察猪的反应。

231. 猪蠕形螨病的诊断要点有哪些？

猪蠕形螨病是一种由蠕形螨科的螨虫引起的猪慢性消耗性皮肤病，又称脂螨病或毛囊虫病。通常首先发生于眼周围、鼻部和耳基部，后逐渐向其他部位蔓延。多发生于皮肤的毛囊、皮脂腺或皮下结缔组织，有轻微痛痒或没有痛痒，仅在病变部位出现大小不等的结节和如同沙粒样大小孤立的脓包，可能融合成为大脓包，已有成为鳞屑型的病猪的皮肤增厚不洁，凹凸不平而盖以皮屑，并发生皲裂。

232. 猪蠕形螨病如何防治？

（1）加强饲养管理，定期清洁猪舍，清除猪舍内的粪便、食物残渣和污水，以减少细菌和寄生虫的滋生。使用高效、广谱的消毒剂对猪舍进行全面消毒，包括墙面、地面、饲槽和水源等，以杀灭病原体。

（2）隔离治疗病猪，对病猪接触过的场地和用具进行彻底消毒，使用伊维菌素或阿维菌素，按 0.3 mg/kg 体重用药，一次皮下注射，隔 7~10 d 后重复一次。

233. 猪疥螨病的流行特点有哪些？

猪疥螨病是由疥螨科疥螨属的疥螨变种寄生于猪表皮内引起的一种接触性、传染性皮肤病。螨卵对大多数杀虫剂有抵抗力，是导致杀虫剂防治家畜螨病时防治不彻底、疥螨病复发的重要原因。

经产母猪、种公猪皮肤过度角化的耳部是猪场内疥螨的主要传染源，主要通过健康猪与患病猪直接接触或通过被疥螨及其虫卵污染的猪圈、用具等间接接触传染，仔猪常在吃奶时受到感染。本病具有明显的季节性，春季、冬季发病率明显高于夏秋季节。幼年动物比成年动物更易遭受疥螨侵害，发病较严重。潮湿、阴暗、拥挤、饲养管理差和卫生条件不良，是促使疥螨病蔓延的重要因素。

234. 猪疥螨如何发育与传播？

疥螨的生活史属于不完全变态发育，包括虫卵、幼螨、若螨和成螨 4 个发育阶段。疥螨变种的整个生活史均在猪体表上进行，雌、雄虫交配后，雌螨在皮肤内挖掘隧道，隧道长 2~3 cm，每个隧道里面含有 1 个雌螨和虫卵，以及雌螨排出的粪便。雌螨产卵于宿主表皮内的隧道中，初产卵未完全发育，后期的卵可透过卵壳看到发育中的幼螨。虫卵在 3~4 d 发育成熟，幼螨孵出后，进一步发育为若螨，若螨蜕化为成螨，成螨可存活 3~4 周。整个发育过程为17~21 d。疥螨变种也可以暂时性地侵袭人，引起皮肤瘙痒及丘疹性皮炎。

235. 猪疥螨病的诊断要点有哪些？

猪感染疥螨病后，临床表现因宿主差异及宿主当时所处的免疫水平不同，对宿主的皮肤损伤及随后的病程发展和临床症状会表现出一定的差异。

（1）虫体引起的迟发型和速发型超敏反应：常起始于眼周、颊部和耳根，后蔓延至背部、躯干两侧、后肢内侧及全身。病猪出现剧痒，到处摩擦或以蹄搔弹患部，至摩擦部出血，患部脱毛、结痂、皮肤增厚，形成皱褶和龟裂。

（2）皮肤角化过度型：又称为慢性疥螨病，常见于经产母猪、种公猪和成年猪。随着猪感染疥螨病程的发展和过敏反应的消退（一般是几个月后），出现皮肤过度角质化和结缔组织增生，可见猪皮肤变厚，形成大的皮肤皱褶，龟裂，脱毛，被毛粗糙多屑，常见成年猪耳郭内侧、颈部周围、四肢下部，尤其是踝关节处形成灰色、松动的厚痂，经常用蹄搔痒或在墙壁、栅栏上摩擦皮肤，造成脱毛和皮肤损伤、开裂和出血。

236. 猪疥螨病的病理变化有哪些？

病初从猪的眼、颊部和耳根开始，后蔓延到背部、后肢内侧，然后向全身扩展；以剧痒，消瘦，脱毛，皮肤结痂、增厚、弹性降低为特征，病猪常在墙壁、猪栏、圈槽等处摩擦病变部位，严重时造成出血，结缔组织增生和皮肤增厚，局部脱毛。仔猪、种猪常起始于眼周、颊部和耳根及种猪的阴囊、尾部，后蔓延至背部、躯干两侧、后肢内侧及全身，病猪出现剧痒，到处蹭痒或以蹄踢弹患部，患部出血、脱毛、结痂、皮肤增厚，形成皱褶和龟裂。成年猪多为外耳内侧表面的中间区域呈不明显的感染。体表多个部位出现丘疹和红斑，造成剧烈瘙痒、不安、消瘦等症状。

237. 猪疥螨病如何防治?

(1) 平时加强饲养管理，搞好环境卫生，圈舍要干燥通风，严格消毒，及时处理粪便，做好药物预防等。

(2) 病猪隔离治疗，按时用药，涂擦的药液要防止猪舔食中毒，病猪痊愈后方能混养。

(3) 疥螨病的成功防控取决于能否彻底杀灭动物群体中的病原体。治宜驱杀虫体，可采用伊维菌素、阿维菌素等药物治疗，局部涂抹药物，涂擦患处时，一定先用肥皂水或来苏儿冲洗患处，消除硬结痂和污秽物。

方案 1. 伊维菌素注射液或爱比菌素注射液或多拉菌素注射液，按 0.3 mg/kg 体重，一次皮下注射。

方案 2. 0.005%溴氰菊酯溶液涂擦患部，7~10 d 后再重复一次。

方案 3. 0.05%双甲脒溶液涂擦患部，7~10 d 后再重复一次。

方案 4. 硫黄、川椒各 15 g，大麻油 125 mL，调匀涂擦患部至愈。

方案 5. 烟草末子 2.5 kg，加水浸 1 昼夜后煮沸半小时，过滤涂擦患部。

方案 6. 中药制剂治疗。

【处方 1】硫黄 30 g，大枫子、木鳖子各 9 g，蛇床子 12 g，花椒 25 g，五倍子 15 g，麻油 200 mL（后加），研末后加入麻油调匀涂患处至愈。

【处方 2】狼毒 60 g，蛇床子、巴豆、木鳖子、荆芥各 15 g，百部、当归各 20 g，硫黄 30 g（研末另包），冰片 10 g（研末另包）。植物油 1 kg 烧热，放入本方中前 7 味药，慢火熬 5 min，候温将硫黄、冰片投入拌匀，涂擦患处。

【处方 3】擦疥散：狼毒、猪牙皂（炮）各 120 g、巴豆 30 g、雄黄 9 g、轻粉 5 g，共为细粉，将植物油烧热，调药呈流膏状，涂擦患处，注意严禁猪舔食。

238. 猪虱病的诊断要点有哪些？

猪虱病是由猪虱寄生在猪的体表皮毛所引起的一种体表寄生虫病。病猪消瘦，皮毛粗乱、无光泽，部分体表被毛发生脱落。患处皮肤发痒，烦躁不安，往往用蹄踢或者嘴咬，或者摩擦木柱、围栏、食槽、墙壁等进行止痒。将病猪被毛扒开，可见毛内存在大量的猪虱和虱卵。病程持续时间长，病猪严重感染时会导致皮肤变得粗糙，皮屑增多，患部被毛粗乱，容易发生脱落，长时间之后就会使机体发育不良，影响采食及睡眠，且发生贫血，逐渐消瘦，导致抵抗力降低，从而容易混合感染其他疾病，严重时会造成死亡。

239. 猪虱病如何防治？

（1）加强饲养管理，饲养密度适中，搞好环境卫生，通风良好，定期喷洒药物等。

（2）病猪患部先用肥皂水充分洗刷干净，再喷洒外用药物或注射防虫药物，连续使用 12 次，每次间隔 10～14 d。

【处方】百部 250 g，苍术、菜籽油各 200 g，雄黄 100 g。先将百部加水 2 kg 煮沸后去渣，然后加入细末苍术、雄黄和菜籽油，充分搅匀后涂擦患部，每天 1～2 次，连用 2～3 d。用本方治疗猪虱效果较好。还可用烟叶 30 g，加水 1 kg，煎汁涂擦，每天 1 次；或煤油10 mL、食盐 1 g、温水 2 mL，混合后涂擦；或生猪油、生姜各 100 g，混合捣碎成泥状后涂擦。

第五章　猪常见普通病的防治

240. 猪消化不良的诊断要点有哪些？

病猪不爱吃食，精神不振，咀嚼缓慢，饮水增加，口臭，有舌苔，体温一般无变化。以胃和小肠为主的消化不良，口腔症状明显，口臭重，舌苔厚，黏膜潮红；食欲大减或废绝，异嗜，常呕吐或干呕，肠音沉衰，便秘。以大肠为主的消化不良，主症在大肠，粪便稀软或水样，味恶臭，混有黏液，肠音亢进。重病例有时出现腹痛、肚胀和呕吐，呕吐物酸臭；粪便干硬，有时腹泻，粪内混有黏液和未消化的饲料。

病程持续，则转为慢性，病猪逐渐消瘦。

241. 猪消化不良如何防治？

（1）改善饲养管理，合理调配饲料，定时定量定食温饲喂，不喂发霉变质或混有泥沙的饲料，不饮脏水，对仔猪不喂粗纤维过多的粗硬饲料。每天补给适量的（不超过饲料总量的0.5%）食盐。利用餐厅食堂剩余饭菜饲养猪时，应掺入一定量的粗料。

（2）对病猪少喂或停喂1～2 d，改喂容易消化的饲料。药物治疗以清肠制酵，调整胃肠功能为主。若病猪久泻不止或剧泻、剧呕，必须消炎止泻、止吐。

（3）对于脱水的病猪，应及时静脉补给5%葡萄糖液、复方氯化钠液或生理盐水等，或口服补液盐，以维持体液平衡。

242. 猪胃肠炎的诊断要点有哪些？

多因喂给腐败变质、发霉、不清洁或冰冻的饲料，或误食有毒植物或化学药物，或暴饮暴食等刺激胃肠所致。以食少、异嗜、呕吐、腹痛、腹泻、粪便带血或混有白色黏膜等为特征。病初精神萎靡，多呈现消化不良的症状，以后逐渐或迅速呈现胃肠炎的症状。食欲废绝，体温升高，脉搏加快，呼吸增数，呕吐，腹痛；少见便秘，多数腹泻，粪便恶臭，混有黏液、血丝或气泡，重症时肛门失禁，呈现里急后重现象。出血性胃肠炎，粪便变黑呈柏油状，饮欲增加，鼻盘干燥。可视黏膜初暗红色带黄色，以后则变为青紫色；口腔干燥，气味恶臭；舌面皱缩，被覆多量黄腻或白色舌苔。

243. 猪胃肠炎如何防治？

（1）加强饲养管理，不喂变质和有刺激性的饲料，定时定量喂食。

（2）猪圈保持清洁干燥。发现消化不良病猪，及早治疗，以防加重转为胃肠炎。

（3）首先应除去病因，着重抑菌消炎，配合强心、补液、解毒及清理胃肠。

方案1. ①氟苯尼考按10~15 mg/kg体重拌料内服，每天2次，连用3~4 d。也可注射磺胺嘧啶钠（100~150 mg/kg体重）或10%增效磺胺嘧啶（0.2~0.3 mL/kg体重）。②5%葡萄糖氯化钠注射液100~300 mL、25%葡萄糖注射液30~50 mL、5%碳酸氢钠注射液30~50 mL，一次静脉注射。③次硝酸铋2~6 g，一次内服。也可用鞣酸蛋白2~5 g或木炭末或锅底灰10~30g内服。④10%安钠咖或樟脑磺酸钠注射液5~10 mL，一次肌内注射。⑤0.1%硫酸阿托品注射液2~4 mL，一次皮下注射。

方案2. 中药制剂治疗。

【处方1】郁金散加味：郁金、大黄各15 g，诃子、黄芩、黄柏、白芍、栀子各10g，乌梅20 g，黄连、罂粟壳各6 g。煎汁去渣，每天一次灌服，连用2~3 d。

【处方2】槐花、地榆、茯苓各12 g，藿香、车前草、青蒿、黄芩各20 g。煎汤去渣，每天一次灌服，连用2~3 d。用于有便血症状时。

【处方3】白头翁24 g，陈皮、黄连、黄柏各9 g，诃子肉3 g。研末拌料或煎汤内服，每天1次，连用2~3 d。

方案3. 针灸：穴位为脾俞、百会、后海，针法为白针。

244. 猪胃溃疡的诊断要点有哪些？

（1）急性型：病猪不表现临诊症状即死亡。多死于胃黏膜出血。剖检常见胃中有新鲜血液。

（2）亚急性型：病猪有明显的苍白、贫血症状，衰弱，厌食及呼吸加快，粪便由黑色黏稠糊状变为少量覆盖有黏液的小球，病初腹痛、磨牙、不安，有时出现呕吐，便血、便干是其常见的特征性症状；病程发展到最后，病猪卧地不起，多在12~48 h虚弱死亡。

（3）慢性型：病猪由于失血导致贫血，皮肤苍白，粪便发黑。有的伴发慢性腹膜炎症状。剖检可见到胃黏膜过度角质化和上皮剥脱，有的无真正的溃疡，但胃内有多量的液状内容物。有的胃染有胆汁。

245. 猪胃溃疡如何防治？

（1）加强饲养管理，提供全价饲料，避免将饲料粉碎过细或过粗，减少各种应激。

（2）治疗的原则是镇静止痛，抗酸止酵，消炎止血，同时改善饲养、加强护理。

（3）改善饲养，给予富含营养、易消化的饲料，减少应激反应。减轻疼痛和反射性刺激。口服鞣酸保护胃黏膜，防止出血，促进愈合。

（4）对于出血严重的猪，使用止血剂如维生素K_1，静脉补充葡萄糖溶液、维生素C。

246. 猪普通感冒的诊断要点有哪些？

病猪精神沉郁，低头弓腰，毛乍尾垂，全身战栗，食欲减退，皮温不整，鼻盘干燥。体温升高达 40 ℃以上，畏寒怕冷，喜钻草堆；眼红，分泌物增多，畏光流泪；口色稍红，舌苔薄白或黄腻；鼻流清涕，频发咳嗽，呼吸不畅，呼吸音增强，脉搏增数。

本病应与流行性感冒相区别，流行性感冒是由猪流感病毒引起的一种急性热性传染病，传播迅速，大批流行，病情严重，而本病仅呈散发性，病程短。

247. 猪普通感冒如何防治?

（1）加强管理，防止猪突然受寒，避免将其放置于潮湿阴冷和有贼风处，特别是在大出汗后，应防止风吹雨淋。气温骤变时，及时采取防寒措施。

（2）要定期清理猪舍，清除粪便和垃圾，定期对猪舍进行消毒，通过提高饲料质量、添加营养来提高猪的免疫力，从而预防感冒。

（3）采取解热、镇痛等措施防止继发感染。综合方案治疗采用干扰素、免疫球蛋白、转移因子、脾脏水解粉/水解液、胸腺肽、酵母免疫蛋白等配合治疗，辅以中药制剂荆防败毒散、银翘散、板青颗粒等。

248. 猪小叶性肺炎的诊断要点有哪些?

病猪病初呈急性支气管炎的症状，全身症状较重，表现精神沉郁，食欲减退或废绝，可视黏膜潮红或发绀，由干而短的疼痛咳嗽逐渐变为湿而长的咳嗽，疼痛减轻或消失，并咳出分泌物；体温升高呈弛张热型，有时为间歇热型；脉搏频率增加，呼吸频率增加，严重者出现呼吸困难，流少量浆液性、脓性或黏液性鼻液。

249. 猪大叶性肺炎的诊断要点有哪些?

本病起病突然，开始症状较重。病猪精神沉郁，食欲减退或废绝，体温升高至 40~41 ℃，呈稽留热型；脉搏加快，一般初期体温升高，脉搏增加，后期脉搏逐渐变小而弱，呼吸急促，频率增加，严重时呈混合性呼吸困难，鼻孔张开，以腹式呼吸为主，并表现出

“唇型呼吸”特征；结膜潮红或发绀，初期出现短而干的痛咳，溶解期则变为湿咳，病初有浆液性、黏液性或黏液脓性鼻液，肝变期流出铁锈色或黄红色的鼻液。

250. 猪肺炎如何防治?

（1）加强饲养管理，喂给营养丰富的饲料，注意环境卫生，猪舍保持干燥温暖、通风良好、适当光照，防止受寒感冒，增强猪体抵抗力，加强对传染病与寄生虫病的防治。

（2）将病猪放于干燥温暖、通风良好的猪舍内，给予容易消化且富含营养物质的饲料。

（3）肺炎是肺组织受到病原微生物或异物的刺激引起的，以发热、食少、咳嗽、胸痛、呼吸音减弱、鼻腔流黏液、呼出气有腐败气味等为特征。治宜抗生素配合干扰素、转移因子、脾脏水解粉/水解液、酵母免疫蛋白、胸腺肽、免疫球蛋白及清热止咳中草药制剂治疗。

方案1. 注射用青霉素钠100万IU、注射用链霉素100万IU、注射用水46 mL，一次肌内注射，每天2次，连用3~5 d。也可用四环素静脉滴注，或用盐酸环丙沙星、恩诺沙星等。

方案2. 10%氟苯尼考注射液12.5 mL，一次肌内注射，按每1 kg体重0.25 mL。

方案3. 20%磺胺嘧啶钠注射液5~15 mL，一次肌内注射，每天2次，连用2~3 d。

方案4. 长效土霉素注射液，5~10 mL/头，肌内注射，隔天1次，连用2次。

方案5. 20%长效盐酸多西环素注射液，3~5 mL/头，肌内注射，隔天1次，连用2次。

方案6. 中药制剂治疗。

【处方1】金银花、知母、板蓝根、黄芩、野菊花各12 g，生地黄、丹皮、玄参、赤芍、大黄、连翘各10 g，生石膏16 g，水牛角、鱼腥草、淡竹叶、橘红各15 g等。粉碎后拌料，每吨饲料添加本品

4 kg。

【处方2】麻黄25 g，（苦）杏仁30 g，薏仁、柴胡、厚朴各33 g，通草、甘草各10 g，桂枝、干姜、蔻仁、半夏各27 g，滑石、藿香各15 g等。粉碎后拌料，每吨饲料添加本品4 kg。

【处方3】麻黄、杏仁、薏仁、蔻仁、鱼腥草各12 g，半夏、厚朴、陈皮、桔梗、竹叶、茵陈各9 g，滑石15 g，通草6 g，甘草8 g等。粉碎后拌料，每吨饲料添加本品4 kg。

【处方4】麻黄、杏仁、甘草各10 g，知母、生石膏、桑白皮各15 g。水煎后分2次内服，每天1剂，连用2~3剂。

【处方5】鱼腥草、白茅根各30 g，金银花20 g，连翘10 g。水煎后分2次内服，每天1剂，连用2~3剂。

方案7. 针灸：穴位为苏气、大椎、风池、山根、耳尖、尾尖，针法为白针、血针。

251. 猪中暑的诊断要点有哪些？

中暑主要发生在盛夏酷暑季节，散养猪多发，当猪舍无防暑措施或猪经历长途驱赶、长时间车船运输，受阳光直晒时，易发生中暑。此外，猪舍狭小、饲养密度大、舍内温度高、通风不良等也可能导致猪中暑。

本病发病急剧，病猪可在2~3 h内死亡。病初呼吸迫促，心跳加快，体温升高，四肢乏力，走路摇摆；眼结膜充血，精神沉郁，食欲缺乏，有饮欲，呕吐，严重时体温升高到42 ℃以上。最后昏迷，卧地不起，四肢乱划，因心肺功能衰竭而死。

252. 猪中暑如何防治？

（1）确保猪舍通风良好，保持干燥、不热的环境，可在猪舍周围搭建凉棚、种植藤蔓植物如牵牛花等来降低环境温度。

（2）确保提供充足清凉的饮水，并在饮水中添加适量的维生素C等抗应激药物，有助于防止热应激。同时，避免在炎热天气进行长途运输，如需运输应做好遮阳和通风措施。

(3) 治宜立即移至阴凉处，用冷水浇头和灌肠，结合清热解暑疗法，适量放血以减轻心脏负担，静脉注射5%葡萄糖生理盐水以补充体液等。

方案1. ①10%樟脑磺酸钠注射液4~6 mL，一次肌内注射，每天2次。②5%葡萄糖生理盐水200~500 mL，耳静脉放血100~300 mL后一次静脉注射，4~6 h后重复一次。

方案2. 中药制剂治疗。

【处方1】鱼腥草、淡竹叶、野菊花各100 g，陈皮25 g。煎水1 000 mL，一次灌服。

【处方2】藿香正气水内服，每次10~20 mL，每天2次。

【处方3】金银花、菊花、玄参各25 g，连翘、黄芩、薄荷、茯苓各30 g，淡竹叶40 g，朱砂10 g。共研细末，温开水冲服。配合西药安乃近10~30 mL或氨基比林、安痛定20~40 mL治疗。还可剪破耳缘静脉放血50~250 mL。

方案3. 针灸：穴位为山根、天门、血印、耳尖、尾尖、鼻梁、涌泉、滴水、蹄头，针法为血针。

253. 猪维生素A缺乏症的诊断要点有哪些？

维生素A缺乏症是由于维生素A缺乏所引起的疾病，临床上以生长发育不良、视觉障碍和器官黏膜损伤为特征，以仔猪及育成猪多发，常于冬末、春初青绿饲料缺乏时发生。

仔猪发病后比较典型的症状是皮肤粗糙、皮屑增多、呼吸器官及消化器官黏膜常有不同程度的炎症，出现咳嗽、下痢等，生长发育缓慢。严重病例神经功能紊乱，听觉迟钝，视力减弱，眼干，甚至角膜软化；走路摇晃，肌肉痉挛，圆圈运动，甚至全窝仔猪同时呈现痉挛性发作；全身震颤，四肢抖动，甚至瘫痪。妊娠母猪常出现流产和死胎，或产出的仔猪瞎眼、畸形、小眼球等，体质衰弱，易于患病和死亡。

254. 猪维生素A缺乏症如何防治?

（1）饲料中添加青饲料和胡萝卜等富含维生素A的原料。妊娠母猪分娩前1个月补充维生素A，可增加新生仔猪的肝脏贮备，预防仔猪维生素A缺乏症。

（2）青饲料要及时收割，迅速干燥，以保持维生素的含量。

（3）谷物饲料贮藏时间不宜过长，配合饲料要及时喂用，不要存放。

（4）对眼部、呼吸道和消化道的炎症应对症治疗。治宜补充维生素A，严重时可注射维生素A注射液50万IU，一次肌内注射，隔天1次（也可用维生素A、维生素D合剂2~5 mL，隔天肌内注射1次）。也可用苍术粉5~10 g，仔猪一次内服，每天2次，连用数天。

255. 猪佝偻病的诊断要点有哪些?

先天性佝偻病，仔猪生后即衰弱无力，经数天仍不能自行站立，扶助站立时，背腰弓起，颜面骨肿大，硬腭突出，四肢关节肿大而不能屈曲。后天性佝偻病，进展缓慢，病初精神萎靡，食欲减退，异嗜，消化不良。随后发生跛行，关节肿胀、疼痛，不愿站立和活动，如强迫活动时，则有的仔猪弯腕站立或以腕关节爬行，后肢以跗关节着地；病至后期则骨骼变形，脊椎骨向下方（凹背）或上方（凸背）弯曲，肢骨弯曲呈“X”形或“O”形，肩端隆起，头骨肿大，采食、咀嚼困难，肋骨与肋软骨结合处肿大呈串珠状。骨骼脆性增加，易骨折。

256. 猪佝偻病如何防治?

（1）平时多喂些豆科青绿饲料，饲料中要补加骨粉、鱼粉、鱼肝油等，妊娠后期的母猪及哺乳母猪更应补充钙及维生素D，适当运动和晒太阳对于本病的预防有效。

（2）加强饲养管理，适当运动和照射阳光，给予无机盐和维生素D源充足的饲料，如给予苜蓿粉、青绿打浆饲料等，饲料内可补给骨粉、蛋壳粉、蚌壳粉、鱼肝油等。治宜合理饲料配方，补充钙和维生素 D。

方案 1. 10%葡萄糖酸钙注射液 20~50 mL，一次静脉注射，每天 1 次，连用 5~7 d。

方案 2. 维丁胶性钙 8~10 mL，按每 1 kg 体重 0.2 mL 一次肌内注射或脾俞穴注射，每天 1 次，连用 5~7 d。

方案 3. 维生素 A、维生素 D 合剂 2~4 mL，一次肌内注射，每天 1 次，连用 5~7 d。

方案 4. 中药制剂治疗。

【处方 1】健骨散：骨粉 70%，小麦麸 18%、仙灵脾、五加皮、苍术各 1.5%，茯苓、白芍、大黄各 2.5%。共研细末，加入骨粉混匀，每天取 30~50 g，分 2 次拌料喂服，连喂 1 周。

【处方 2】益智仁 30 g，五味子、当归、肉桂、白术各 24 g，厚朴、肉豆蔻各 21 g，川芎、白芍、甘草、槟榔片各 15 g，陈皮 18 g。各药混合，共研细末，开水冲泡，候温饮服，连喂 1 周。

257. 猪维生素 E 缺乏症的诊断要点有哪些？

维生素 E 缺乏主要造成血管机能障碍，神经机能失调，种猪繁殖障碍。病猪表现血管通透性增大，引起血液外渗。病猪表现抽搐、痉挛、麻痹等神经症状。公猪睾丸变性、精子生成障碍，母猪卵巢萎缩、发情异常、不孕、受胎率下降、流产、泌乳停止等。仔猪主要呈现肌营养不良，生长缓慢，新生仔猪体弱或突然死亡。

258. 猪维生素 E 缺乏症如何防治？

（1）日粮均衡，确保维生素 E 的含量，满足猪生长发育的需要。母猪在产前 1 个月及仔猪出生后，采用维生素 E 制剂预防。

（2）饲料搭配时应考虑硒和维生素 E 的添加比例，麸皮、豆类、苜蓿和青绿饲料含较多的硒和维生素 E，要适当选择饲喂。

（3）采用维生素 E 制剂配合使用硒制剂治疗，效果最好。对发病仔猪，肌内注射维生素 E 注射液、维生素 E 拌料等。

259. 猪锌缺乏症的诊断要点有哪些?

病猪食欲降低，消化机能减弱，腹泻，贫血，生长发育停滞；皮肤角化不全或角化过度；腹下、股内侧、大腿及背部等皮肤出现界线明显的红斑，由红斑发展成3~5 cm的丘疹，很快表皮变厚，结痂，形成数厘米长的裂隙，病灶在大多数病猪能扩展至身体的大面积区域，有的扩展至整个体表，并呈对称性分布。病灶厚5~7 mm，表面干燥、粗糙，皮肤增厚，很难切割。此病理过程需经2~3周时间，如果有外伤则很难愈合。有的病例在痂皮下有化脓灶，有的大片脱毛，轻度瘙痒。有的发生呕吐或轻度腹泻。仔猪股骨变小，韧性降低。母猪产仔减少，公猪精液质量下降。本病除了皮肤的特征性变化外，内脏器官一般没有特征性的变化。

260. 猪锌缺乏症如何防治?

（1）不同品种、性别、日龄的猪根据其生理需求确定日粮中最佳的锌和钙的添加量（一般来说，钙锌比例为100：1，钙0.4%~0.6%、锌50~60 mg/kg），日粮均衡，确保锌的含量，满足猪生长发育的需要。

（2）发病后，及时调整日粮结构，添加锌制剂，适当限制钙的添加量，皮肤病变可涂擦10%氧化锌软膏。硫酸锌按照幼猪0.2~0.5 g、育肥猪1 g，一次拌料内服，每天1次，连用3~5 d。也可选用硫酸锌或碳酸锌注射液，按每1 kg体重2~4 mg，肌内注射，每天1次，10天为一个疗程。也可以选择党参、茯苓、山药、白扁豆、白术、薏苡仁、大枣各80 g，陈皮50 g，桔梗30 g，砂仁15 g，莲子12 g。煎汁对少量稀粥，供8头猪1 d内服，连用3~5 d为一个疗程，必要时可再重复一次。

261. 新生仔猪白肌病的诊断要点有哪些?

新生仔猪白肌病多发生于生后20 d左右的仔猪，成年猪少发。患病仔猪一般营养良好，身体健壮而突然发病。体温一般无变化，食欲减退，精神不振，呼吸促迫，常突然死亡。病程稍长者，可见后肢强硬，弓背；行走摇晃，肌肉发抖，步幅短而呈痛苦状；有时两前肢跪地移动，后躯麻痹。部分仔猪出现转圈运动或头向侧转。最后呼吸困难，心脏衰弱而死亡。

病理变化为骨骼肌和心肌有特征性变化，骨骼肌特别是后躯臀部和股部肌肉色淡，呈灰白色条纹，膈肌呈放射状条纹；切面粗糙不平，有坏死灶；心包积水，心肌色淡，尤以左心肌变性最为明显。

262. 新生仔猪白肌病如何防治？

（1）加强饲养管理，合理搭配妊娠母猪的日粮，根据其生理需求确定日粮中微量元素硒和维生素 E 等的最佳添加量。缺硒地区，仔猪生后第 2 天可肌内注射亚硒酸钠注射液 1 mL。

（2）治宜补硒。饲料中加入一定量的亚硒酸钠，饲喂含维生素 E 较多的青饲料等。

方案 1. ①0.1%亚硒酸钠溶液 0.02～0.04 mL，一次皮下注射，按每头每次 1～3 mg 用药，隔天重复 1 次。②10%维生素 E 注射液 1～3 mL，一次肌内注射，隔天 1 次。

方案 2. 中药制剂治疗。

【处方】首乌、当归、肉苁蓉、菟丝子各 15 g，生地黄、熟地黄、枸杞子、女贞子各 12 g，甘草 10 g。水煎去渣，加阿胶 15 g 烊化，灌服，每天 1 剂。

263. 仔猪贫血的诊断要点有哪些？

病猪精神沉郁，离群伏卧，食欲减退，营养不良，被毛逆立，体温不高。可视黏膜呈淡蔷薇色，轻度黄染。严重病例，体表、黏膜苍白如白瓷，耳壳呈灰白色，几乎见不到明显的血管，针刺也很少出血。呼吸、脉搏均增加，可听到贫血性心内杂音，稍加运动，则心悸亢进，喘息不止。有的仔猪外观很肥胖，生长发育也较快，可在奔跑中突然死亡，剖检见典型贫血变化。

264. 仔猪贫血如何防治？

（1）加强饲养管理，合理搭配妊娠母猪的日粮，根据其生理需求确定日粮中微量元素铁（硫酸亚铁、甘氨酸铁、富马酸亚铁、卟啉铁）的添加量，并考虑其他微量元素的均衡，多饲喂富含蛋白质、无机盐和维生素的饲料，仔猪生后 3~5 d 即可开始补加铁制剂。

（2）治宜针对病因，加强营养。

方案 1. 2.5%右旋糖酐铁注射液 2~3 mL，一次肌内注射。

方案 2. 硫酸亚铁 5 g、酵母粉（食母生）10 g，混匀后，分成 10 包，每天 1 包，拌料内服。

方案 3. ①0.25%硫酸亚铁水溶液，适量饮服。②0.1%维生素 B_{12} 注射液 0.2~0.4 mL，一次肌内注射，每天 1 次，连用 3~5 d。

方案 4. 硫酸亚铁 2.5 g、硫酸铜 1 g、氧化铝 2.5 g，加水 1 000 mL溶解，每只猪每次用半匙，拌料或混在水中喂给。

方案 5. 中药制剂治疗。

【处方】党参、白术、熟地黄、茯苓、厚朴、神曲、山楂各 10 g，煎汤一次内服。

265. 猪应激综合征的诊断要点有哪些？

（1）猝死性（或突毙）应激综合征：多发生于运输、预防注射、配种、产仔等受到强应激原的刺激时，并无任何临诊症状而突然死亡。死后病变不明显。

（2）恶性高热综合征：体温过高，皮肤潮红，有的呈现紫斑，黏膜发绀，全身颤抖，肌肉僵硬，呼吸困难，心搏过速，过速性心律不齐直至死亡。死后出现尸僵，尸体腐败比正常快；内脏充血，心包积液，肺充血、水肿。此类型病征多发于拥挤和炎热的季节，死亡更为严重。

（3）急性背肌坏死征：多发生于长白猪，在遭受应激之后，急性综合征持续约 2 周左右时，病猪背肌肿胀和疼痛，棘突拱起或向侧方弯曲，不愿移动位置。当肿胀和疼痛消退后，病肌萎缩，而脊椎棘突凸出，几个月后，可出现某种程度的再生现象。

(4) 白猪肉型（即 PSE 猪肉）：病初表现为尾部快速地颤抖，全身强拘而伴有肌肉僵硬，皮肤出现形状不规则的苍白区和红斑区，然后转为发绀；呼吸困难，甚至张口呼吸，体温升高，虚脱而死；死后很快尸僵，关节不能屈伸。具有肌肉苍白、柔软、水分渗出的特点。有的猪肉颜色变得比正常的更加暗红，称为“黑硬干猪肉”（即 DFD 猪肉），此种情况多见于长途运输而挨饿的猪。

(5) 胃溃疡型：猪受应激作用引起胃泌素分泌旺盛，形成自体消化，导致胃黏膜发生糜烂和溃疡。急性病例，外表发育良好，易呕吐，胃内容物带血，粪呈煤焦油状；有的胃内大出血，体温下降，黏膜和体表皮肤苍白，突然死亡。慢性病例，食欲减退，体弱，行动迟钝，有时腹痛，弓背伏地，排出暗褐色粪便。若胃壁穿孔，继发腹膜炎死亡。

(6) 急性肠炎水肿型：多为大肠杆菌引起，与应激反应有关。因为在应激过程中，机体防卫机能降低，大肠杆菌即成条件致病因素，导致非特异性炎性病理过程。

(7) 慢性应激综合征：由于应激原强度不大，持续或间断反复引起的反应轻微，易被忽视。实际上在猪体内已经形成不良的累积效应，致使其生产性能降低，防卫机能减弱，容易继发感染而引起各种疾病的发生。其生前的血液生化变化为血清乳酸升高，pH 值下降，肌酸磷酸激酶活性升高。

266. 猪应激综合征如何防治？

(1) 应加强遗传育种选育繁殖工作，通过氟烷试验或肌酸磷酸激酶活性检测和血型鉴定，逐步淘汰应激易感猪。

(2) 尽量减少饲养管理等各方面的应激因素对猪产生的压迫感。如改善饲养管理，减少各种噪声，避免过冷或过热、潮湿、拥挤，减少驱赶、抓捕、麻醉等各种刺激。运输时避免拥挤、过热，屠宰前避免驱赶和用电棒刺激猪。在可能发生应激之前，使用镇静剂氯丙嗪、安定等，并补充硒和维生素 E，从而降低应激所致的死亡率。

（3）治疗原则是镇静和补充皮质激素。首先转移到非应激环境内，用凉水喷洒皮肤。症状轻微的猪可自行恢复，但皮肤发紫、肌肉僵硬的猪则必须使用镇静剂、皮质激素和抗应激药物。如选用盐酸氯丙嗪作为镇静剂，剂量为 1~2 mg/kg 体重。也可选用维生素 C、亚硒酸钠维生素 E 合剂、盐酸苯海拉明、水杨酸钠等。使用抗生素以防继发感染，可静脉注射 5%的碳酸氢钠溶液防止酸中毒。

267. 猪子宫内膜炎的诊断要点有哪些？

（1）急性子宫内膜炎：全身症状明显，母猪体温升高，精神不振，食欲减退或废绝，时常努责，特别在母猪刚卧下时，阴道内流出白色黏液或带臭味、污秽不洁的红褐色黏液或脓性分泌物，分泌物黏于尾根部，腥臭难闻。有时母猪出现腹痛症状。急性子宫内膜炎多发生于产后及流产后。

（2）慢性子宫内膜炎：多由急性子宫内膜炎治疗不及时转化而来。病猪全身症状不明显；可能周期性地从阴道内排出少量混浊的黏液。母猪往往推迟发情，或发情不正常，即使能定期发情，也屡配不孕。

268. 猪子宫内膜炎如何防治？

（1）保持猪舍干燥，临产时地面上可铺清洁干草，发生难产后助产时应小心谨慎。取完胎儿、胎衣，应用弱消毒溶液洗涤产道，并注入抗菌药物。人工授精要严格遵守消毒规则。

（2）治宜抗菌消炎。

方案 1. 0.05%新洁尔灭溶液适量、注射用青霉素钠 200 万 IU、注射用链霉素 200 万 IU、1%己烯雌酚注射液 1 mL、催产素注射液 10 u，先肌内注射己烯雌酚，然后倒卧保定，用输精管插入子宫，接注射器注入新洁尔灭溶液，然后抽出，反复冲洗干净，排尽洗液后注入稀释的 40 万 IU 青霉素钠，剩余青霉素钠、链霉素一并肌内注射，1 h 后再肌内注射催产素。次日和第 5 天再重复 1 次。冲洗子宫也可用新洁尔灭或 0.1%高锰酸钾或青霉素钠等溶液。抗生素也可用金霉素、四环素、磺胺噻唑等。

方案 2. 中药制剂治疗。

【处方 1】益母草、野菊花各 15 g，蒲公英、白鸡冠花、白扁豆、玉米须各 10 g，加水煎汁，加红糖 200 g，一次灌服。猪子宫内膜炎也可用氯前列烯醇肌内注射。

【处方 2】白头翁、黄柏、延胡索各 15 g，地骨皮 20 g。水煎一次灌服。

269. 母猪乳房炎的诊断要点有哪些？

（1）急性乳房炎：乳房有不同程度的充血（发红）、肿胀（增大、变硬）、温热和疼痛，乳房上淋巴结肿大，乳汁排出不畅或困难，泌乳减少或停止；乳汁稀薄，含乳凝块或絮状物，有的混有血液或脓汁。严重时，除局部症状外，还有食欲减退、精神不振、体温升高等全身症状。

（2）慢性乳房炎：乳腺组织弹性降低，硬结，泌乳量减少，挤出的乳汁变稠并带黄色，有时内含凝乳块。多无明显全身症状，少数病猪体温略高，食欲降低。有时由于结缔组织增生而变硬，致使泌乳能力丧失。

（3）结核性乳房炎：乳汁稀薄似水，呈污秽黄色，放置后有厚层沉淀物。

（4）链球菌性乳房炎：乳汁中有凝片和凝块。

（5）大肠杆菌性乳房炎：乳汁呈黄色。

（6）绿脓杆菌和酵母菌性乳房炎：乳腺肿大坚实。

270. 母猪乳房炎如何防治？

（1）母猪在分娩前及断奶前 3～5 d，应减少精料及多汁饲料，以减轻乳腺的分泌作用，禁止给予大量发酵饲料。猪舍要保持清洁干燥，冬季产仔时注意保暖等。

（2）治宜抗菌消炎，活血化瘀。发病后，应先隔离仔猪。轻症时可挤出患病乳房内的乳汁，局部涂以消炎软膏，严重时实施外科手术。

方案1. 青霉素40万~80万IU，0.25%普鲁卡因注射液20~40 mL，乳房周围分点注射封闭。

方案2. 注射用青霉素钠80万IU、注射用链霉素50万~100万IU、注射用水5~10 mL，一次肌内注射，每天1~2次，连用3 d。

方案3. 中药制剂治疗。

【处方1】蒲公英、丝瓜络各15 g，金银花12 g，芙蓉花、通草、连翘各9 g。共为末，开水冲调，候温一次灌服。脓肿已成者，尽早切开，外科处理。

【处方2】紫花地丁120 g，萱草根60 g，丝瓜络半个。水煎服，每天1剂，连服3~4 d。

方案4. 外科手术法：乳房发生脓肿的病猪，应尽早由上向下纵行切开，排出脓汁，然后用3%双氧水或0.1%高锰酸钾溶液冲洗。脓肿较深时，可用注射器先抽出其内容物，最后向腔内注入消炎药。

271. 母猪瘫痪症的诊断要点有哪些?

本病多发生于产后2~5 d。病猪精神极度萎靡，反射变弱，甚至消失；食欲显著减退或废绝，粪便干硬且少，以后则停止排粪、排尿；轻者站立困难，重者不能站立，呈昏睡状态；乳汁很少或无乳，有时病猪伏卧，不让仔猪吮乳。病程1~2 d，有时达3~4 d。

272. 母猪瘫痪症如何防治?

（1）母猪产前20 d及病症较轻的母猪，在饲料中添加骨粉、钙粉、葡萄糖酸钙等饲喂预防、治疗。

（2）治宜补钙。

方案1. 5%~10%氯化钙注射液40~80 mL，一次静脉注射，高度乙醇或10%樟脑乙醇涂抹母猪皮肤，进行人工辅助按摩，以促进其血液循环，恢复神经机能。

方案2. 10%葡萄糖酸钙注射液50~100 mL，一次静脉注射，必要时6~12 h再重复一次。

方案 3. 中药制剂治疗。

【处方 1】苍术 60 g、威灵仙 10 g、骨粉 30 g。共为细末，每天取 100~200 g 分 2 次混于饲料中喂服，直至痊愈。

【处方 2】龙骨、麦芽各 400 g，当归、熟地黄各 50 g，红花 15 g。煎汤，每天分 2 次内服，连用 3 d。.

方案 4. 针灸：穴位为山根、风门、百会、抢风、大胯、掠草，针法为血针、白针或电针。配合温敷按摩，效果更好。

273. 母猪产后不食症的诊断要点有哪些?

母猪产后往往会发生顽固性少食、不食，或者只能够采食少量的青菜，或者饮用少量的清水，精神沉郁，四肢无力，畏寒怕冷，往往会出现卧地或者钻草现象，体温基本正常，排出较稀或者呈球状干燥的粪便，通过听诊发现肠蠕动音微弱，排尿量减少，且尿液澄清，口舌淡白，脉象沉细，接着泌乳量减少。

274. 母猪产后不食症如何防治?

（1）母猪进入预产期，要挤出最前 1 对乳头内的乳汁，或者刚产出 1 头仔猪时注射适量的催产素，灌服莱菔子或者饮用添加适量红糖，促使其尽快产仔，及时排出胎衣和排尽恶露。

（2）母猪分娩后，要立即供给少量的温盐水，用于补充体液。分娩后的 8~10 h 内禁止饲喂，分娩 1 周内可每天供给 25 g 小苏打，分成 2~3 次添加在饮水中饮用，或者内服适量的酵母片等，能够刺激食欲，促使产后尽快恢复，净化子宫。

（3）加强饲养管理，对症治疗饲喂营养全面的饲料，并注意补充适量的维生素 B_1、维生素 B_2 以及钙、磷，还可添加少量的鱼肝油，禁止突然增加喂量，保持运动量适宜，光照充足。

275. 母猪产后热的诊断要点有哪些?

母猪体温升高至 40.5~41.5 ℃，喜卧，食欲减退，身体颤抖，呼吸加快，泌乳量减少，阴户中流出脓性物。

276. 母猪产后热如何防治?

(1) 母猪产仔前7 d将产房及用具等全面彻底消毒,母猪产仔前应逐渐减少饲喂量,临产前一顿最好不喂料,产仔前后用0.1%高锰酸钾溶液清洗阴户及乳房。

(2) 母猪产仔困难时注射催产素进行催产;症状较轻时肌内注射青霉素和链霉素,每天2次,连续2~3 d;症状严重时则皮下注射10%~20%安钠咖10 mL或催产素20~40 u,每天2次,连续3~5 d。

277. 仔猪肌阵挛病的诊断要点有哪些?

仔猪出生后立即呈现典型症状,即骨骼肌不随意地有节律地震颤,严重的全身肌群剧烈痉挛,整个躯体和头部强烈抖动,表现为难以控制的上下跳动或左右摇摆,以及共济失调,行走困难,被迫呈蹲坐姿势或摔倒在地(俗称抖抖病),仔猪难以觅到乳头,口半张开并抖动,吸吮乳头困难。躺卧症状减轻,入睡后症状完全消失;清醒后、站立时症状立即再现;外界刺激可使症状加剧。个别严重的发病率达80%以上,多数仔猪出生后数日内饿死或被压死、踩死,如至7~8日龄仍存活者,大多可免于死亡。

278. 仔猪肌阵挛病如何防治?

(1) 母猪应加强饲养管理,提供优质均衡饲料,制定合理的免疫程序,搞好环境卫生,做好消毒工作,避免各种应激因素,饲料中添加干扰素、免疫球蛋白、转移因子、脾脏水解粉/水解液、胸腺肽、酵母免疫蛋白及扶正祛邪、提高机体免疫力的中药制剂等。

(2) 本病目前没有特效药,治宜对症治疗。

方案1. 中药制剂治疗。

【处方】金银花、白僵蚕、板蓝根、菊花各30 g,钩藤、地龙干各20 g,全蝎、蝉蜕、甘草、防风各10 g,蜈蚣5 g,朱砂0.8 g。研成细末,按每1 kg体重0.3~0.5 g配蜂蜜10 mL灌服,每天3次。

方案2. 针灸:穴位为天门、山根、耳筋、心筋,针法为白针、血针。

279. 猪亚硝酸盐中毒的诊断要点有哪些?

猪亚硝酸盐中毒也称为饱食瘟，是由于青绿饲料储存、加工或调制不当，猪采食这类饲料后，造成高铁血红蛋白血症，导致组织缺氧而引起中毒。一般采食后1~3 h发病，中毒症状严重程度与采食量呈正相关，采食量最多的猪发病最快、最严重。中毒猪呼吸困难，脉搏变快而弱，流涎，腹泻，呕吐，多尿，四肢无力，行走摇摆，皮肤、吻突及耳根发绀，体温正常或下降。濒死前抽搐，角弓反张，倒地死亡。急性病例未见典型症状即死亡。

280. 猪亚硝酸盐中毒如何治疗?

中毒后及时治疗，包括停止进食、催吐、导泻、使用药物等方法。较重时，可以通过放血、注射药物等方式进行治疗。

方案1. ①1%美蓝溶液50 mL，一次静脉注射，按每1 kg体重1 mL用药。也可用甲苯胺蓝（5 mg/kg）静脉注射。②10%葡萄糖注射液300 mL、5%维生素C注射液2~4 mL、10%安钠咖注射液5~10 mL，混合后一次静脉注射。

方案2. 中药制剂治疗。

【处方1】绿豆200 g，食盐60 g，木炭末、小苏打各100 g。研碎，加少量水调匀后一次灌服，每天1剂，连用2 d。

【处方2】绿豆粉250 g，甘草末100 g。开水冲调后加菜籽油200 mL，一次灌服。

【处方3】十滴水5~15 mL，先给病猪断尾或尾尖、耳尖针刺放血，然后按小猪5~10 mL、大猪15 mL，一次灌服。

方案3. 针灸：穴位为耳尖、尾尖、蹄头，针法为放血。

281. 猪食盐中毒的诊断要点有哪些?

（1）最急性型：中毒猪肌肉震颤，阵发性惊厥，昏迷倒地，2 d内死亡。

(2) 急性型：当病猪摄入中度剂量的食盐较少，而又饮水不足时，经过1~5 d发病，临床上较为常见。中毒猪食欲减少，口渴，流涎，头碰撞物体，步态不稳，转圈运动。大多数病例呈间歇性癫痫样神经症状。神经症状发作时，颈肌抽搐，不断咀嚼流涎，呈犬坐势，张口呼吸，皮肤黏膜发绀，发作过程为1~5 min，发作间歇时，病猪可不呈现任何异常情况，1 d内可反复发作无数次。发作时，肌肉抽搐，体温升高，但一般不超过39.5 ℃，间歇期体温正常。末期后躯麻痹，卧地不起，常在昏迷中死亡。

282. 猪食盐中毒如何治疗?

猪发生食盐中毒后，立即停止饲喂原来的饲料，并可采取下列措施对症治疗：

方案1. 大量饮水，并静脉注射5%葡萄糖液。

方案2. 为缓解兴奋和痉挛发作，应用5%溴化钾或溴化钙，以排除体内蓄积的氯离子。

方案3. 使用利尿药以排除钠离子、氯离子。

方案4. 为缓解脑水肿，降低颅内压。

方案5. 20%甘露醇溶液100~250 mL、25%硫酸镁溶液10~25 mL，混合后一次静脉注射，按每1 kg体重前者5 mL、后者0. 5 mL用药。也可用溴化钙1~2 g溶于10~20 mL蒸馏水中，过滤，煮沸灭菌后，耳静脉注射。

方案6. 中药制剂治疗。

【处方】生石膏、天花粉各35 g，鲜芦根45 g，绿豆50 g，煎汤供15 kg的猪一次灌服。

方案7. 针灸：穴位为耳尖、尾尖、百会、天门、脑俞，针法为血针、白针。

283. 猪霉玉米中毒的诊断要点有哪些?

(1) 急性中毒多发生于小猪和架子猪，一般发生于喂后5~25 d，亦有3~7 d发病者。病猪体温不高，食欲减退乃至废绝，精神沉郁，常立足不动，迅速消瘦，有的发生全身性黄疸。

（2）慢性中毒多见于大猪，病程长达1~2个月不等，长期呈“半饱猪”。初期体温略高，食欲减退，饮水增加，喜食稀汤、生料和青草，出现异食癖，生长停滞，逐渐消瘦；后期体温正常，焦躁不安，嘶叫，眼结膜充血，少数病猪可视黏膜黄染；有的两耳、鼻端、眼眶周围皮肤发红，后渐转紫，严重者全身充血，粪便干燥，偶见排黑色粪便，尿黄或呈较混浊的茶黄色，易出血且凝固不良，后期昏睡，乃至死亡。

284. 猪霉玉米中毒如何治疗？

发病后，立即更换饲料饲喂。全群采用生物脱霉剂拌料或饮水。母猪用温生理盐水和2%碳酸氢钠或者0.1%高锰酸钾溶液先进行洗胃或者灌肠，然后服用盐类泻药；育肥猪1 000 mL水、30~50 g硫酸钠混好后让猪饮用，促使胃肠道内的毒素尽快排出。肌内注射抗生素或者在饲料中添加适量的抗生素，用于防止继发感染，缓解精神沉郁、肾肿、水肿、出血以及腹泻等症状。

285. 猪黄曲霉毒素中毒的诊断要点有哪些？

急性中毒猪体温正常，精神沉郁，不食，后躯无力，走路摇摆，粪便干燥，直肠出血，有时站立一隅或头抵墙。黏膜苍白或黄染，皮肤出血和充血。以后出现间歇性抽搐，过度兴奋，角弓反张，消瘦，可视黏膜黄染，皮肤发白或发黄等。

慢性中毒猪精神委顿，离群独处，头低垂，弓背卷腹，走路僵硬，常粪便干燥，有异嗜癖。部分中毒猪兴奋不安、狂躁等，体温正常，黏膜黄染，有的眼、鼻周围皮肤发红，逐渐变成蓝色。

286. 猪黄曲霉毒素中毒如何治疗？

治疗原则是排毒，保肝。发病后立即停止饲喂霉变饲料并更换饲料饲喂，加强饲养管理。全群采用生物脱霉剂、黄曲霉素B_1分解酶配合促肝细胞生产素拌料或饮水。

【处方1】茵陈、栀子、大黄各20 g。水煎去渣，待凉后加葡萄糖30~60 g、维生素C 0.1~0.5 g，混合，一次灌服。

【处方2】防风15 g、甘草30 g、绿豆50 g。水煎取汁，加入白糖60 g，混匀后一次灌服。

【处方3】连翘、绿豆各50 g，金银花30 g，甘草20 g。共研末，开水调服，小猪用量酌减。

287. 猪有机磷农药中毒后的诊断要点有哪些？

有机磷农药种类较多，如常用的对硫磷、内吸磷、马拉硫磷、乐果、敌百虫、敌敌畏等。剧毒类有甲拌磷等；强毒类有敌敌畏、甲基内吸磷、乐果等；低毒类有敌百虫、马拉硫磷等。

猪误食有机磷药物后，中毒症状的轻重缓急，因采食量的多少、药物的品种不同而有差异。一般误食或接触后0.5~8 h出现中毒症状。

轻度中毒时出现流涎，精神沉郁，全身无力，采食减少；步态不稳，腹泻，瞳孔缩小，可视黏膜发紫。

严重时出现呕吐，全身肌肉颤抖，口吐白沫，出大汗，呼吸困难，视物不清，昏迷，抽搐，痉挛，发热，大小便失禁，卧地不起，很快死亡。

288. 猪有机磷农药中毒如何治疗？

有机磷中毒宜在解毒。

皮肤接触中毒的用冷清水或冷肥皂水彻底清洗。眼部接触中毒的用2%碳酸氢钠液或生理盐水冲洗。消化道中毒者用2%~5%碳酸氢钠液、清水或肥皂水反复洗胃；用硫酸铜1 g内服催吐；内服活性炭吸附毒物。

根据中毒的轻重，间隔不同的时间，使用不同剂量的阿托品。严重中毒者阿托品可与解磷定或双复磷联合应用。

方案1. 0.1%硫酸阿托品注射液2~10 mL，一次皮下注射，按每1 kg体重0.2~0.4 mg用药。注射后要注意观察瞳孔的变化，如

20 min后无明显好转，应重复注射一次。

方案2. 4%解磷定注射液20~40 mL，一次静脉注射或腹腔注射，按每1 kg体重15~30 mg用药。

方案3. 12.5%双复磷注射液7~14 mL，一次静脉注射或腹腔注射，按每1 kg体重15~30 mg用药。

方案4. 中药制剂治疗。

【处方1】绿豆（去壳）250 g，甘草、滑石各50 g。共为细末，开水冲调，候温一次灌服。

【处方2】仙人掌40~80 g，捣碎加水，一次灌服。

289. 猪创伤治疗的方法有哪些？

（1）新鲜创的治疗方法。

1）创伤止血：除压迫、钳夹、结扎等方法外，还可应用止血剂，如外用止血粉撒布创面，必要时可应用安络血、维生素 K_3 或氯化钙等全身性止血剂。

2）清洁创围：先用灭菌纱布将创口盖住，剪除周围被毛，用0.1%新洁尔灭溶液或生理盐水将创围洗净，然后用5%碘酊进行创围消毒。

3）清理创腔：除去覆盖物，用镊子仔细除去创内异物，反复用生理盐水洗涤创内，然后用灭菌纱布轻轻地吸蘸创内残存的药液和污物，再于创面涂布碘酊。

4）缝合与包扎：创面比较整齐，外科处理比较彻底时，可行密闭缝合；有感染危险时，行部分缝合；创口裂开过宽，可缝合两端；组织损伤严重或不便缝合时，可行开放疗法。四肢下部的创伤，一般应行包扎。组织损伤严重或污染严重时，应及时注射破伤风抗毒素、抗生素。

（2）化脓性感染创的治疗方法。

1）清洁创围。

2）用0.1%高锰酸钾液、3%过氧化氢液或0.1%新洁尔灭溶液等冲洗创腔。

3）开张创缘，除去深部异物，切除坏死组织，排出脓汁。

4）最后用松碘流膏纱布条引流。

5）有全身症状时可适当选用抗菌消炎类药，并注意强心解毒。

（3）肉芽创的治疗方法。

1）清理创围。

2）清洁创面，用生理盐水轻轻清洗。

3）局部用药，应选用刺激性小、能促进肉芽组织和上皮生长的药物。肉芽组织赘生时，可用硫酸铜腐蚀。

290. 影响猪创伤愈合的因素有哪些？

（1）营养。如果猪身体状况太差或摄入营养不足，局部神经和肉芽组织就会生长缓慢，创伤愈合就会比较慢。

（2）感染。如果局部感染比较严重，也会影响创伤愈合，应根据病情给予相应抗生素进行治疗。

（3）活动。如果活动过于剧烈，导致伤口难以愈合，应减少剧烈活动。

（4）其他影响因素。如局部出现缝线排异，也会影响伤口愈合。也有部分猪出现明显体温升高，也会影响伤口愈合。

291. 猪直肠脱的诊断要点有哪些？

猪直肠脱是由于便秘、腹泻，病后体弱及用刺激性药物灌肠后引起强烈努责，或慢性便秘或下痢，母猪妊娠后期，腹内压增高，肛门括约肌松弛，促使直肠一部分或大部分由肛门向外翻出，不能自行缩回。

病猪频频努责，呈排粪姿势，直肠脱出物呈圆筒状下垂。初期黏膜颜色鲜红，然后瘀血水肿呈暗红紫色，表面污秽不洁，甚至出血、糜烂、坏死。病重的猪采食减少，排粪困难。

292. 猪直肠脱如何防治？

（1）整复法：使用温热的0.1%～0.2%的高锰酸钾溶液或10%

高渗食盐水、1%~2%明矾水清洗净脱出的直肠，以针头刺破水肿的黏膜，挤出水肿液，将坏死的黏膜和水肿黏膜剪去，注意不要剪破直肠黏膜的肌层和浆膜，然后用药液清洗后送回肛门，肛门荷包缝合，或普鲁卡因于后海穴注射，或用95%乙醇直肠周围注射，以防再脱。

（2）直肠部分截除术：脱出的肠管已坏死、穿孔，可手术切除。清洗术部、消毒、麻醉，于肛门处正常肠管上，用消过毒的两根长封闭针，呈十字形穿过固定肠管，在针后 2 cm 处横行切除脱出的肠管，充分止血，于环行的两层肠管断端行全层结节缝合，涂布碘甘油，拔除固定针，将肠管还纳肛门内。可行尾、荐椎硬膜外封闭，以防止努责。术后全身应用抗菌药物。

293. 猪肠套叠及肠扭转的诊断要点有哪些?

由于某一部分肠管折叠套入另一段而发生肠道狭窄或闭塞，称为肠套叠。肠管的一段与另一段绞绕在一起，或肠管的一段与肠系膜扭转，以致肠腔闭塞，称为肠扭转。肠套叠多因仔猪吃了不易消化的腐败、冰冷的饲料，刺激肠管蠕动异常所致，多见于十二指肠和空肠套叠。哺乳仔猪和断奶后仔猪易发生肠套叠。

病猪突然不食，呈现剧烈腹痛，表现为弓背、腹部收缩，有时前肢跪地，翻滚或仰卧，四肢在空中划动，全身发抖，不断呻吟。患病初期，频频排粪，量少而黏稠，以后可混有黏液或血液。一般体温不高，如果继发肠炎、肠坏死时，体温升高。行腹腔穿刺术时，可见混浊而带血的液体，液体的沉淀物中含有大量的坏死组织和细胞碎片。

294. 猪肠套叠及肠扭转如何防治?

（1）加强饲养管理，不喂霉败、冰冷的饲料，不强行捕捉、追赶猪。

（2）早期确诊，及时剖腹整复。手术中要仔细分离已嵌入肠管中的肠浆膜，禁止用力强拉，特别是对肠套叠部分较长和有严重瘀血、水肿的肠管，要防止造成肠壁撕裂。如不可能整复时，可将肠管部分切除。对于肠扭转的病猪，手术中应找到扭转的症结所在，并沿逆行方向整复。

295. 导致母猪流产的原因有哪些？

流产发生突然，流产前一般没有特殊的症状。有的在流产前几天有精神倦怠，阵痛起卧，阴门流出羊水，努责等症状。如果胎儿受损伤发生在怀孕初期，流产可能为隐性（即胎儿被吸收，不排出体外）；如果发生在后期，因受损伤程度不同，胎儿多在受损伤后数小时至数天排出。

本病的病因较复杂，除引起胎动的各种机械原因外，某些传染病和寄生虫病，胃肠、心、肺、肾等系统的内科病的重危期，生殖器官疾病，以及内服大量泻剂、利尿剂、麻醉剂和其他可引起子宫收缩的药物等，都可引起流产。

296. 导致母猪难产的原因有哪些？

难产是指由于各种原因使分娩的第一阶段（子宫颈开口期）和第二阶段（胎儿排出期）延长，尤其是第二阶段明显处长，如不进行人工助产，则母体难以或不能排出胎儿的产科疾病。难产如果处理不当，则危及母体及胎儿的生命，导致母猪生殖道疾病的发生。

（1）分娩力弱是由于饲养不当，如饲料搭配不合理，品质不良，使母猪过肥或瘦弱，或运动不足所引起。

（2）产道狭窄多为骨盆狭窄，是由于母猪发育不全，或母猪过早配种，骨盆尚未发育完善所造成的；因骨盆骨折及骨裂愈合所致的变形或骨赘，也可造成骨盆狭窄，影响仔猪产出。至于阴道狭窄及子宫颈狭窄则比较少见。

（3）胎儿异常是指分娩时胎位不正、胎向不正及胎势不正，有时因胎儿过大或畸形，妨碍胎儿产出。

治宜矫正胎位后促进子宫收缩，配合人工助产，必要时行剖宫产。

方案 1. 垂体后叶素或催产素注射液 30 ~ 50 u，一次皮下注射。用于胎位正常、子宫颈开放、产道正常猪难产初期。

方案 2. 中药制剂治疗。

【处方 1】当归、益母草各 15 g，川芎、桃仁各 10 g，炮姜 6 g。水煎取汁，分 3 次灌服。用于胎位正常、子宫颈开放、产道正常猪难产初期。

【处方 2】车前子、红花、生地黄、牛膝各 20 g，龟板 15 g，白芍 10 g。黄酒 200 mL 为引，水煎一次灌服。

297. 导致哺乳母猪产后乳汁不足的因素有哪些？

（1）怀孕期饲养管理不当。母猪怀孕期间营养不足或过量，不但会影响到胎儿的发育，也会影响到母猪乳腺腺泡的增生；特别是在怀孕后期营养水平过低，能量不足，缺乏蛋白质饲料，更容易使母猪消瘦，致乳腺发育不良，乳房干瘪、瘦小。

（2）母猪年老体衰。母猪性成熟一般在 150 ~ 240 日龄，配种适宜期为 220 ~ 240 日龄，繁殖能力停止期为 10 ~ 15 岁。利用 2 年以上（或产仔 6 ~ 7 胎）的母猪，大多数繁殖能力下降，生理机能减退，或患有慢性胃肠道疾病，食欲变差，营养不足。如果不及时淘汰，常会发生产后缺乳。

（3）怀孕期营养不均衡。因为母猪怀孕后，基础代谢率增高，食欲旺盛，如饲料中蛋白质、维生素的量不足，使母猪脂肪积蓄过多，不但会使内分泌失调，也会因乳房内脂肪沉积过量，影响乳腺细胞的发育。这些都会严重影响产后的泌乳。

（4）母猪染病。因饲养管理不当，母猪抵抗力差，容易感染多种疾病，会影响乳房的发育和乳汁的形成。生产后的母猪，体质下降，如果再染病，会使母猪食欲减退，泌乳机能严重下降。如果母猪产后感染链球菌病，不但容易发生乳房炎，还会因乳汁变质而使仔猪的健康受到威胁。

（5）初产母猪乳腺发育不良，也会发生缺乳现象。

298. 如何解决哺乳母猪乳汁不足？

（1）要科学合理地饲养管理好妊娠母猪，防止过瘦或过肥，尤其要防止便秘和产后不食。①必须保证母猪全价的配合日粮，在确保生物安全的情况下可辅以牧草、青菜等青绿饲料；②清洗和消毒母猪，临产前 1 周先清洗母猪，选用对母猪没有毒害作用的消毒液进行母猪体表消毒，尤其是其乳房、腹侧和臀部，然后进入清洁消毒过的产房。产后要再清洗和消毒母猪的乳房、腹侧和臀部，尤其要按摩乳房，把每个乳头的第一、二滴奶挤掉。

（2）产前 1 个月和产后当日，给母猪各肌内注射 1 次亚硒酸钠维生素 E 注射液（亚硒酸钠 1 mg/mL，维生素 E 50 IU）10 mL。

（3）在产仔猪期间或产后，可肌内注射垂体后叶激素 10～30 u，用药后 15 min，再把隔离的乳猪放回来，让乳猪吃奶。此药可每小时注射 1 次，一般 3～5 次即可见效。

（4）青年母猪生产仔猪后异常兴奋，也可引起缺乳或无乳，需要肌内注射安痛定注射液 10～20 mL，或安乃近 10 mL。

（5）母猪产后 1～2 d 内，肌内注射 2 mL 前列烯醇，可防治三联症（子宫炎、乳房炎及少乳症）。

（6）母猪内服催奶灵，每天 1 次。

299. 导致母猪不发情及屡配不孕的因素有哪些？

（1）先天性因素。主要是生理缺陷和遗传缺陷所造成，如生殖器官发育不健全、生殖道畸形、幼稚病、卵巢发育不全、两性猪、先天性卵巢或输卵管系膜囊肿、输卵管阻塞、缺子宫角、子宫颈闭锁等。

（2）生殖机能紊乱。猪生殖机能紊乱而导致的激素异常分泌也是乏情的原因之一。①持久性黄体：缺乏运动、营养缺乏等因素都会引起持久性黄体，另外，子宫炎、积水、积脓、存在死胎、胎衣等也会使黄体不能及时被吸收；②卵巢囊肿：饲料中缺乏维生素 A 及雌激素过多（饲料中维生素不平衡）都会影响促卵泡素（FSH）

和促黄体激素（LH）平衡，而促黄体激素分泌减少，使卵泡最后不能成熟，引起囊肿；③卵泡发育障碍：包括机能减退、萎缩、硬化，不发情母猪70%左右由此引起。

（3）饲养管理不良。由于饲养管理不良造成的母猪不发情占比很大，主要有以下几个方面的原因。①营养方面：营养不良或饲喂单一品种的饲料，造成母猪过于瘦弱从而不发情；后备母猪饲料中维生素和微量元素不足或饲料中含有霉菌毒素等，都可以造成母猪不发情；营养过高，使母猪过肥，卵巢内脂肪浸润，卵泡上皮脂肪细胞变性，造成卵泡萎缩或卵巢囊肿，也可导致母猪不发情。②母猪断奶过晚，导致身体状况差，造成断奶后发情推迟或不发情。③没有受到公猪的相对刺激也是一个非常重要的原因。

（4）疾病因素。很多传染性疾病也会造成母猪不发情，如猪瘟、附红细胞体病、猪繁殖与呼吸综合征、猪圆环病毒病、猪伪狂犬病、猪布鲁菌病、猪细小病毒病、猪支原体病、衣原体病、猪乙型脑炎等；母猪长期患慢性呼吸系统疾病、慢性消化系统疾病、寄生虫病等慢性消耗性疾病；母猪分娩时不顺利、助产不正确及产后恢复不良等，均可导致母猪断奶后不发情。

（5）气候因素。母猪在天气炎热，尤其是饲养不良的情况下也会停止发情；即使排卵，也无发情的外表征候或征象轻微。温度超过30 ℃以上时，母猪发情会受到影响。

300. 母猪不发情及屡配不孕如何防治？

（1）首先要找出原因。常见的由于品种、公猪的刺激、季节、天气、哺乳时间、哺乳头数、膘情、营养和管理等因素不同，发情情况也不相同。尤其对哺乳母猪的饲养管理特别重要，如常见膘情瘦弱或膘情过肥母猪要通过营养与饲喂量的调整控制膘情。针对以上不同原因采取相应的防治措施。

（2）合理饲养。体重90 kg以下的后备母猪可以不限量饲喂，保证其身体各器官的正常发育，尤其是生殖器官的发育。6~7月龄要适当限饲（日喂2.5 kg/头），防止过肥。后备母猪配种前的理想膘情为2.5~3.0分，过肥和过瘦均有可能出现繁殖障碍。

（3）改善环境。猪舍建筑要合理，通风好，合理的光照，适宜的温度和良好的卫生环境是母猪发情的基础。

（4）利用公猪诱情。后备母猪160日龄以后，应有计划地让其与诱情公猪接触来诱导发情，每天接触2次，每次15~20 min。用不同公猪刺激比用同一头公猪刺激效果好。

（5）加强运动。后备母猪保证适当运动量。6月龄以上母猪群运动时可以放入结扎公猪，以刺激母猪发情。

（6）做好疾病防治工作。做到“预防为主，防治结合，防重于治”。平时抓好消毒，搞好卫生，尤其是后备母猪发情期的卫生，减少子宫内膜炎的发生；严格按照科学的免疫程序进行免疫，针对种猪群的具体情况定期拟定详细的保健方案。

（7）青年母猪初情期延迟者，将其转移到其他圈舍或地方，增加与公猪的接触次数与时间，增大其生存空间或喂些青绿菜草，还可用药物诱导其发情和排卵。